의과학으로 풀어보는
# 건강수명 100세

의과학으로 풀어보는
## 건강수명 100세

초판 1쇄 인쇄 2020년 9월 10일
초판 1쇄 발행 2020년 9월 15일

지은이 | 김혜성
그린이 | 김현진
펴낸이 | 김태화
펴낸곳 | 파라사이언스 (파라북스)
디자인 | 김현제
기획편집 | 전지영

등록번호 | 제313-2004-000003호
등록일자 | 2004년 1월 7일
주소 | 서울특별시 마포구 와우산로29가길 83 (서교동)
전화 | 02) 322-5353 팩스 | 070) 4103-5353
ISBN 979-11-88509-35-5 (03470)

이 도서의 국립중앙도서관 출판예정도서목록(CIP)은
서지정보유통지원시스템 홈페이지(http://seoji.nl.go.kr)와
국가자료종합목록 구축시스템(http://kolis-net.nl.go.kr)에서 이용하실 수 있습니다.
(CIP제어번호 : CIP2020035219)

*값은 표지 뒷면에 있습니다.
*파라사이언스는 파라북스의 과학 분야 전문 브랜드입니다.

의과학으로 풀어보는

# 건강수명 100세

김혜성 지음

파라사이언스

# 머리말

매일 아침 어머니는 병원의 제 방에 들르십니다. 어머니가 오시면 저는 큰누나가 달여준 홍삼물과 프로바이오틱스 유산균을 하나 드리고, 용돈을 드립니다. 예전에는 한 달에 한번 통장에 넣어 드렸는데, 지금은 운동 삼아 오시라고 매일 나누어 드립니다. 조삼모사지만 어머니는 용돈을 드릴 때마다 무척 좋아하십니다. 나이가 드실수록 고마움의 정도가 커지나 봅니다. 80대 후반인 어머니는 아들이 드리는 용돈을 두 손으로 받으시며 "감사하네!"라고 하십니다.

우리 세대는 어머니 세대와는 다른 노후를 보내게 될 것입니다. 지금 55세인 제 또래는 자식을 포함해 누구에게 의지하는 노후를 생각하지도 기대하지도 않습니다. 대신 스스로 일군 자산에 기대고, 사회 전체적으로는 국민연금을 포함한 여러 사회보장제도에 의지하게 되겠죠. 얼마전 코로나19 때문에 병원 운영이 잠시 어려워졌을 때, 저 역시 국민연금이 참 든든한 노후 안전판임을 새삼 느꼈습니다.

무엇보다 우리 세대가 전세대와 다른 것은 노화나 건강에 대한 일정한 과학적 근거들이 쌓인 시대에 살고 있다는 것입니다. 달리 말하면, 우리는 노화에 대비하면서 건강을 유지하는 데 필요한 과학적 정보를 얻을 수 있는 시대에 살고 있는 거죠. 대표적으로 거론되는 것이 운동과 소식小食입니다. 지금은 지극히 상식적인 이야기로 받아들이지만, 운동이 건강에 중요하다는 것도 실은 20세기 후반에 와서야 확립된 것입니다. 먹고 살기 급급했던 우리 어머니 세대에겐 건강을 위해 운동하는 시간을 마련하는 것은 엄두조차 내기 어려웠을 겁니다. 소식 역시 늘 과식을 경계했던 우리 선조들의 지혜이기도 하지만, 실제 건강에 좋다는 근거가 마련된 것은 최근이고 지금도 연구가 계속되고 있습니다.

그렇다고 우리 세대가 얻을 수 있는 과학적 근거라는 게 완전한 것은 아닙니다. 상당히 모순적이고 불완전할 때가 많죠. 대표적인 경우가 약입니다. 예를 하나 들어볼까요? 치과에서 이를 뽑거나 가벼운 염증을 치료한 후에 항생제가 필요할까요, 필요하지 않을까요? 대부분의 치과에서 발치 후 처방하는 약에는 항생제가 포함되어 있습니다. 하지만 저는 발치를 한 후나 웬만한 잇몸염증 치료를 한 후에도 항생제를 처방하지 않습니다. 그 정도는 우리 몸이 치유할 수 있다고 믿거든요.

저는 동료 치과의사들에게 발치 후 항생제를 처방하는 것은 감기에 항생제를 처방하는 것과 별반 다르지 않다고 늘 말합니다. 발치는 구강점막에 상처가 생긴 것이고, 감기는 기도 점막에 상처가 생긴 것일 뿐이라고요. 또 우리 몸에는 원래 수많은 미생물들이 살고 있어 그 정도의 상처는 우리 몸의 면역력을 믿고 지켜봐 주는 게 오히려 좋은 일이라고요. 이런 제 생각에 따라 우리 병원에서는 나름의 항생제 처방 가이드 라인을 만들고 의료진 교육도 하면서 항생제 처방을 줄였습니다. 그 결과를 모아 논문으로 내기도 했고요. 하지만 여전히 항생제 처방에 대한 우리 병원의 기준은 불완전하고 의료진의 생각은 하나의 결론에 이르지 못한 상태입니다.

치과에서만 그런 것이 아닙니다. 항생제 처방은 의료영역 전반에서 논쟁의 대상입니다. 세계적으로 보면, 여전히 50% 정도의 항생제가 불필요하게 처방되고 있다고 지적됩니다. 특히 21세기 들어 항생제 저항성에 대한 우려가 커지면서, 항생제 처방은 과학과 의료계 전체에서 뜨거운 논쟁의 중심에 서 있습니다. 항생제만이 아닙니다. 갈수록 급증하는 만성질환 약에 대한 논쟁 역시 뜨겁습니다.

그 가운데 가장 격렬한 것은 아마도 고지혈증에 처방하는 항콜레스테롤 제제인 스타틴statin일 것입니다. 본문에서 자세히 이야기하겠지만, 스타틴 처방 여부에 대해서는 학자들 사이에서 전쟁statin war이라는 표현이 등장할 만큼 험악한 분위기의 논쟁이 진행중이죠.

그뿐이 아닙니다. 실은 '노화를 어떻게 볼 것인가?'에 대해서도 뜨거운 논쟁이 일어나고 있습니다. 이 역시 본문에서 다루겠지만, 한편에서는 노화를 염증Inflammaging: 염증inflammation + 노화aging으로 봅니다. 그래서 이들은 염증을 없애는 아스피린 같은 항염제로 노화를 늦출 수 있다고 주장합니다. 반대편에서는 노화를 보는 그런 발상과 접근이야말로 건강한 노화를 해치는 지름길이라고 논박합니다. 말하자면, 노화라는 과정을 병으로 볼 것인지 아닌지, 그것을 약으로 늦출 수 있는지 없는지가 모두 논쟁의 대상이라는 겁니다. 이는 모든 생명이 거쳐가는 가장 기본적인 과정인 노화aging에 대해서까지도 21세기 과학과 의학은 여전히 불완전하다는 것을 반증하는 것이기도 합니다. 이런 불완전함과 논쟁은 이미 경영의 대상이 된 지 오래인 상업화된 의료와 만나면 더 증폭됩니다.

우리 몸을 두고 벌어지는 이 논쟁들은 노화를 앞둔 우리 모두에게 나름의 선택과 판단을 요구하고 있습니다.

진료가 없는 날이면 저는 대개는 산으로 향합니다. 제가 살고 있는 일산에서 지하철 3호선을 타고 삼송역에서 내려 노고산을 넘어 솔고개에 이르는 산길이 어느덧 제가 제일 좋아하는 코스가 되었습니다. 요즘처럼 좋은 계절에 산을 홀로 걸을 때면 몸과 마음이 한결 가볍습니다.

50세 인근부터 시작한 산행이 생활의 일부로 들어와 있음을 최근 들어 참 다행으로 여깁니다. 돌아보면 40대에는 주로 골프장으로 향했습니다. 잘 가꾸어놓은 잔디 위를 걷고 나서 잘 꾸며진 클럽하우스에서 몸을 씻고 식사를 하면 몸도 몸이지만 뭔가 성취한 듯한 느낌이 들기도 했습니다. 그러다 50세 인근에 시작한 산행은 자연스레 골프장을 멀리하게 했고, 지금은 산행과 피트니스를 겸해 운동을 하고 있습니다.

나이 들어 근육이 빠져나가는 것을 막아주는 피트니스와 더불어 근육을 이용해 중력을 이기는 산행으로 유산소 운동을 하니, 이 둘은 참 좋은 조합이라고 느끼고 있죠. 건강검진에서 흔히 나쁜 지방이라 불리는 LDL이 조금 높은 상태이긴 하지만, 저는 약을 먹을 생각은 전혀 하지 않고 운동과 적절한 음식으로 건강을 관리하고 있습니다. 저는 제 몸에 대해 하나의 판단과 선택을 한 것이지요. 골프장에서 산으로, 약보다 음식과 운동으로 말입니다.

이 책은 이런 저의 선택과 판단에 대한 기록입니다. 치과의사로서 진료했던 경험과 점차 나이 먹어가는 제 몸을 다뤄본 경험에 최근의 다양한 과학과 의학 문헌을 결합한 것이기도 하고요. 말하자면, 건강수명을 늘려 건강 100세에 도전하는 현재까지의 제 경험과 공부의 산물입니다.

그럼 건강수명 100세를 위한 준비는 언제 하는 것이 좋을까요? 물론 빠르면 빠를수록 좋겠지만, 저는 본격적인 준비는 아무래도 50세부터 시작된다고 생각합니다. 이렇게 생각하는 데에는 몇 가지 이유가 있습니다.

먼저, 건강백세에 대한 제 도전과 공부가 50세 인근부터 시작되었기 때문입니다. 최소한 저는 40대까지는 노화에 대해 그다지 실감하지 못했습니다. 저의 진료실은 늘 60대 이상의 환자들로 붐비고 치과 임플란트가 건강백세에 크게 이바지하고 있는 것은 분명하지만, 환자들은 늘 관찰의 대상일 뿐이었습니다. 그러다 50대로 넘어가면서 그분들에 대한 느낌이 달라졌습니다. '나도 곧 저렇게 되겠구나……' 이런 심정이랄까요. 노화는 이제 저 자신의 문제가 되어가고 있습니다. 그래서 최근의 자료를 찾아보고, 제 몸에 적용해보고, 진료에도 적용해보는 중입니다. 어쨌든 최소한 저에게는 건강백세를 준비하는 것은 50세부터 시작되고 가능했다는 겁니다.

둘째, 저만이 아니라 많은 사람들 역시 그러리라는 생각이 들기 때문입니다. 동양의 지혜에서는 50을 지천명知天命이라고 합니다. 공기밖에 없는 하늘의 명을 안다는 것은, 실은 스스로 인생의 의미를 찾고 그 방향으로 자신의 일상을 정렬해가며 살기 시작하는 나이가 50이라는 의미일 것입니다. 생물학적 이유도 있죠. 50 즈음이 본격적인 노화가 시작되는 시기이기에 좀더 에너지를 집중해야 할 필요가 있지 않을까 싶습니다. 어떻게 나이 먹을 것인지, 어떻게 건강하게 나이 먹을 것인지에 대한 고민 역시 그 즈음부터 시작될 거고요. 말하자면, 건강백세에 대한 고민 역시 우리 모두에게 지천명이 되어서야 가능하지 않을까 하는 생각이 들었습니다.

셋째, 50은 추후 삶을 준비하기에 딱 좋은 나이이기 때문입니다. 50 이후에는 직장생활을 계속하든 은퇴를 하든 조금씩 사회적 구조가 주는 틀에서 어느 정도 자유로울 수 있습니다. 그간 살아오면서 쌓인 경험도 있죠. 또 새로운 공부와 준비를 할 수 있는 뇌기능 역시 아직은 여전합니다. 무엇보다 이후의 건강과 노화의 길을 선택하고 준비할 수 있고, 또 적극적으로 관리하면 오랜 시간 동안 유지할 수 있는 체력이 남아 있습니다.

제가 평소 가까이 지내는 지인이 이런 말을 하더군요. "준비되지 않은 노화는 비극"이라고요. 물론 그럴 수 있습니다. 하지만 기본적으로 장수는 모든 생명체의 축복입니다. 우리 인간의 역사로 봐도 그렇습니다. 장수는 진시황을 비롯해 수많은 사람들이 수천 년 전부터 찾아온 길이지요. 인간이나 북한산의 다람쥐나 실험실의 미생물

역시 모든 생명 에너지를 발휘해서 자신의 생명을 연장하려 아등바
등합니다. 저는 이 아등바등이 생명의 자연스런 모습이라 믿습니다.

이 책에서 소개하는 제 경험과 공부가 어떻게 나이 먹을지에 대
해 생각하는 동연배들에게 하나의 힌트가 되었으면 좋겠습니다. 후
배들에게는 하나의 토의거리가 되고, 저보다 더 나이 드신 분들께는
되돌아봄의 주제가 된다면 더 바랄 바가 없겠습니다.

감사합니다.

2020년 여름날
이른 아침에, 김혜성

PS. 이 글은 제가 살고 있는 고양시의 지역신문인 〈고양신문〉에 연재
한 글을 다듬고 새로 쓴 글을 덧붙여 보충한 것입니다. 글을 준비하고
쓰면서 저에게도 많은 공부가 되었습니다. 좋은 기회를 주신 고양신문
관계자들과 이영아 대표님께 감사드립니다.

# 차례

문제제기,
과도한 의료화

**나는
언제부터
환자가
되었을까요?**

매년 받는 건강검진 결과표에서 저의 수치는 대부분 정상이지만, 딱 하나 정상범위를 벗어나는 것이 있습니다. 흔히 나쁜 지방이라고 말하는 LDLLow Density Lipoprotein입니다. 160이 넘는 저의 수치를 가지고 미국 심장협회AHA: American Heart Association의 가이드라인을 따라가 보면, 저는 고지혈증 약을 먹는 대상이 됩니다. 이 권고를 볼 때마다 고민이 됩니다. 약은 늘 부작용이 뒤따를 수밖에 없고, 게다가 한번 먹기 시작하

한번 먹기 시작하면 평생 먹어야 하는 약,
안 먹자니 수치가 걱정이고
먹자니 부작용이 걱정이고…
어떻게 해야 할까요?

면 평생 먹어야 할 것 같아 찜찜합니다. 그렇다고 안 먹자니 LDL이 갑자기 혈관을 막아버릴 것 같아 걱정이 되고요. 어떻게 해야 할까요? 결론부터 말하자면 저는 안 먹기로 결정했습니다. 이유는 많습니다.

첫째, 고지혈증에 많이 쓰이는 스타틴statin이라는 약이 기본적으로 우리 몸이 정상적으로 콜레스테롤을 만드는 과정을 차단하는 약이라는 것입니다. 콜레스테롤은 우리 몸을 이루는 세포를 만드는 핵심 재료입니다. 특히 뇌 조직은 콜레스테롤을 많이 필요로 하죠. 그런데 고지혈증 약은 혈관 속의 LDL을 줄이기 위해 간에서 콜레스테롤을 만드는 것을 아예 차단해 버립니다. 그러면 혈중 콜레스테롤은 낮아질지 몰라도, 전체적으로 보면 우리 몸은 필요한 콜레스테롤이 부족해지고 맙니다. 그래서 기억이 깜박깜박하고 무기력감을 느끼는 경우가 많아지죠. 또 멀쩡했던 사람이 당뇨에 걸리기도 합니다. 미국인 2만 5,000명 정도를 지켜보았더니, 스타틴을 먹는 사람들이 먹지 않은 사람들에 비해 2배 정도 당뇨나 그 합병증에 잘 걸렸다고 합니다.[1] '스타틴으로 인한 당뇨statin induced diabetes'라는 말이 있을 정도죠. 이런 부작용을 환자들은 스스로 나이 탓으로 돌리지만, 실제로는 약의 부작용이 의학문헌에 보고된 것보다 훨씬 더 많다는 지적들도 많습니다.[2]

둘째, 혈관에서 콜레스테롤을 낮추어야 한다는 논리는 기본적으로 지방이 심혈관 질환을 일으킨다는 지방가설Lipid hypothesis에 입각해 있는데, 이것이 현재 거의 폐기 상황에 있다는 것입니다. 말 그대로 더 많은 입증이 필요한 가설 수준인 지방가설은 1970년대 미국의 영양학자 안셀 키스Ancel Keys가 제기한 것입니다. 안셀 키스는 1978년 세계 7개 나라를 대상으로 지방 섭취와 심혈관 질환 발생의 흐름을 보았더니 서로 연관이 깊더라는 연구결과를 발표합니다. 이후 여러 학회와 대중매체들이 이에 호응하면서 동물성 지방이 미국인들이 가장 겁내는 심근경색의 주범으로 지목되죠. 이를 바탕으로 제약회사들은 혈관에서 지방을 낮추는 약을 개발했고, 그것이 바로 스타틴입니다. 하지만 실제 안셀 키스가 조사한 나라는 7개가 아니라 22개였습니다. 그리고 그 22개국 모두를 살펴보거나 일반적으로 보아도 지방과 심혈관 질환은 그다지 연관이 깊지 않다는 것이 밝혀졌죠.[3] 안셀 키스는 자기 논리에 맞는 결과가 나온 나라만 골라 가설을 세운 것입니다.

최근에는 지방이 아니라 탄수화물, 그것도 과도한 정제 탄수화물이 혈관에 일으키는 염증이 심근경색의 주범이라는 것이 부각되고 있습니다. 지방, 그 중에서도 특히 콜레스테롤이 지난 50년에 이르는 세월 동안 뒤집어쓴 누명을 벗고 있는 중이지요. 지상파 방송사에서도 이런 내용을 다큐멘터리생로병사의 비밀, 콜레스테롤의 누명로 방영한 적이 있고,[4] 유튜브에는 스타틴에 대해 지속적으로 문제 제기하

는 학자Dr. Maryanne Demasi의 영상도 있으니 한번 보시기를 권합니다.[5]

셋째, 좀더 구체적으로 LDL이 심혈관 문제를 일으키는 것이 아니라는 주장도 있습니다.[6] 이 주장은 여러 문헌들을 근거로 그간 심혈관 질환의 주범으로 꼽힌 LDL에 대한 혐의가 상당히 왜곡되어 있다고 말합니다. 예를 들면, 급성 심근경색으로 입원한 사람들의 혈중 LDL이 오히려 낮은 경우가 많았고, 이 사람들을 스타틴 같은 약으로 LDL을 더 낮추었더니 사망률이 더 높아졌다고 합니다. 또 노인들 중 LDL이 높은 사람들이 오히려 더 장수한다는 통계도 보여줍니다.[7] 이런 얘기를 들으면 참 헷갈리면서도 LDL이 좀 높은 제 입장에선 약간의 위안도 됩니다.

어쨌든 상황은 이런 데도 주류학계라 할 수 있는 미국 심장협회를 비롯한 여러 학회들은 제 혈관의 지방수치에 여러 통계학적인 지표를 들이대며 자신들이 만든 기준에 따라 약을 먹으라고 권합니다. 그 복잡하게 보이는 통계적 지표라는 것들도 스타틴 같은 약의 부작용은 과소 표현되고 효능은 과대 표현된 것이라는 지적이 많은데도 말이죠. 더욱이 관련 학회는 지난 20~30년 동안 약을 먹으라고 권하는 기준을 계속 확장하여, 과거에는 정상 범위에 넣었던 수치를 질병화하면서 더 많은 고지혈증 환자를 양산하고 있어요.

넷째, 무엇보다 저는 제 몸에서 LDL 수치가 높은 이유를 스스로 이해하지 못합니다. 늘 운동을 하고 채식 위주로 식사를 하는데도

LDL 수치는 혈관에 지방이 많다고 말해주죠. 그렇다면 저는 그것이 제 몸에 필요한 반응의 결과라고 이해하고, 적절한 운동과 음식으로 몸을 다스리며 나머지는 인명재천人命在天에 맡기려 합니다. 현재의 지식으로는 알지 못하는 어떤 필요가 건강한 제 몸에서 일정 수준의 LDL을 유지하는 것이라고 말이죠. 심혈관 질환의 주범이 지방에서 탄수화물로 바뀌고 있는 흐름에서도 보듯이, 과학과 의학은 아직 음식과 우리 몸이라는 아주 기초적이지만 심오한 관계를 제대로 이해하지 못하고 있는 것이 사실이에요. 현재 주류학계의 설명과는 정반대로 건강하게 100세까지 살고 있는 상당수의 사람들이 혈중 총콜레스테롤이나 LDL이 높고, 오히려 좋은 콜레스테롤로 알려진 HDL이 낮은 현상도 그 한 예일 수 있어요.[8]

제 몸과 고지혈증을 예로 들어 설명했지만, 이런 현상은 비단 고지혈증에만 그치지 않습니다. 여러 통계적인 표준으로 기준이 만들어지고, 그 기준이 계속 확장되고, 더 많은 환자가 양산되고, 더 많은 약을 권하는 이런 흐름은, 흔히 만성질환 혹은 대사성 질환이라고 통칭되는 고혈압, 당뇨, 골다공증 등 여러 질환에서 공통적으로 나타나는 현상입니다. 예를 하나 더 들어볼까요? 제 수축기 혈압이 130이라고 해보죠. 미국 학회의 기준에 따르면, 제 혈압은 1990년대까지는 정상입니다. 당시엔 고혈압의 기준이 '수축기 혈압 140 이상'이었거든요. 그러다가 2003년에는 기준이 바뀌면서 120~140 사이를 묶어서 고혈압 전단계prehypertension라고 부릅니다. 이 기준에 따르면 수축기 혈압이 130인 저는 예비환자가 됩니다. 그래도 당시만 해도 고혈압 전단계 환자들에게 약을 권하지는 않았습니다. 그러다 2017년이 되면 기준이 더 확장되어 130 이상이 고혈압 진단기준이 됩니다. 드디어 저는 완전한 고혈압 환자가 되어 약을 권유받게 되지요.

이런 흐름으로 지난 20년 동안 세계적으로 당뇨 약 처방은 4배가 늘었고, 고혈압 약은 7배가 늘었으며, 콜레스테롤을 낮추는 스타틴 처방은 무려 20배가 늘었습니다.[9] 말 그대로 정말 아찔한 수치죠. 이것이 50대에 들어서면서 약을 하나씩 달고 살아가는 사람들이 주위

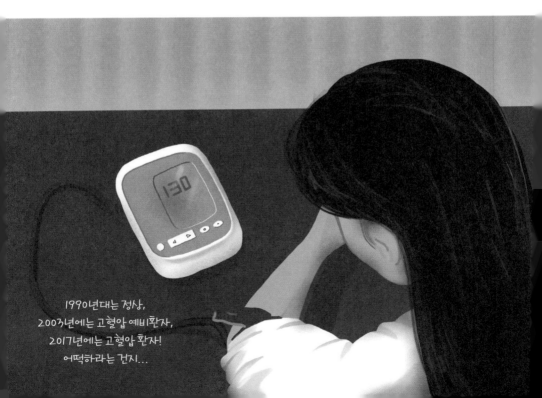

1990년대는 정상,
2003년에는 고혈압 예비환자,
2017년에는 고혈압 환자!
어떡하라는 건지...

에 늘어나는 이유이기도 할 겁니다.

더 큰 문제는 65세 이상이 되면 약을 5개 이상 먹는 사람들의 수가 기하급수적으로 늘어난다는 것입니다. 지난 20년 동안 65세 이상의 사람들 가운데 약을 5개 이상 먹는 다제약복용polypharmacy 노인들의 수는 4배 정도 늘어 거의 절반 가까이에 이르렀습니다. 한 보도에 의하면, 우리나라는 더욱 높아 65세 이상의 82%가 다제약복용 중이라고 합니다.[10]

하지만 생각해보죠. 나이가 들면 근육도 빠져나가고 몸 전체의 생리적 기능이 떨어집니다. 당연히 약을 대사할 능력도 떨어지죠. 그렇기에 동일한 질환이라도 오히려 약의 양을 줄여야 하는 게 맞습니다. 하지만 통계로 보면 노인들이 복용하는 약의 수와 양은 늘어만 갑니다. 치과에서 주로 어르신들을 대상으로 하는 마취 후 잇몸 수술과 임플란트 수술을 주업으로 하는 저는, 이런 다제약복용에 늘 조심스럽고 회의감이 듭니다.

대체 이 약들이 얼마나 의미가 있을까요? 모든 약들은 저마다 겨냥하는 바가 있겠죠. 하지만 그 약들 전체는 우리의 최종 목표인 건강한 삶에 득보다는 실이 많을 가능성이 크지 않을까 싶습니다. 다제약복용 환자들이 오히려 수명을 짧다는 통계가 이런 심증을 뒷받침합니다. 또 최근 들어 기대수명life span은 아주 조금씩 늘거나 정체 상태인 데 반해, 약과 질병으로부터 자유로운 건강수명health span은

오히려 줄고 있다는 세계적 통계가 이런 심증을 더 굳히게 합니다.

물론 나이 들수록 병이 많으니 약을 더 먹는다고 역으로 생각해볼 수 있습니다. 하지만 개인병원을 전전하며 증상마다 하나씩 약을 추가하다가 대학병원으로 주치의를 바꾸면서 먹는 약의 수를 대폭 줄였더니 몸 전체가 좋아졌다는 얘기는 환자들에게 심심치 않게 듣는 말입니다.

# 다제약복용 노인의 입원 · 사망 위험

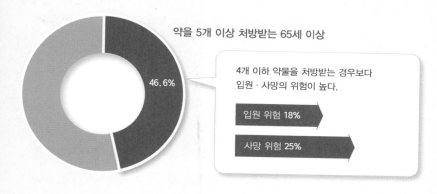

약을 5개 이상 처방받는 65세 이상

46.6%

4개 이하 약물을 처방받는 경우보다
입원 · 사망의 위험이 높다.

입원 위험 18%

사망 위험 25%

약물 개수별
입원 · 사망 위험

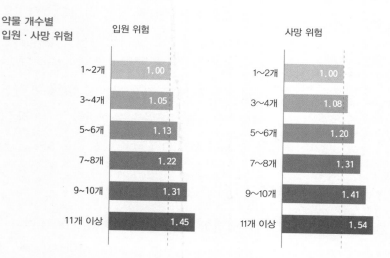

| 입원 위험 | |
|---|---|
| 1~2개 | 1.00 |
| 3~4개 | 1.05 |
| 5~6개 | 1.13 |
| 7~8개 | 1.22 |
| 9~10개 | 1.31 |
| 11개 이상 | 1.45 |

| 사망 위험 | |
|---|---|
| 1~2개 | 1.00 |
| 3~4개 | 1.08 |
| 5~6개 | 1.20 |
| 7~8개 | 1.31 |
| 9~10개 | 1.41 |
| 11개 이상 | 1.54 |

5개 이상의 약물을 동시 복용하는 노인들의 사망 위험이
4개 이하의 약물을 복용하는 노인들보다 25% 높고,
입원할 확률도 18% 높다고 합니다.
특히 약물 개수가 증가할수록 사망 위험이 더 커져
11개 이상의 약물을 복용하는 사람들은 2개 이하 복용하는 사람보다
사망 위험이 54% 높은 것으로 나타났습니다.[11]
(자료 : 국민건강보험공단 2012년 1~12 65세 이상 300만 8,000명 대상)

이렇게 통계적 기법으로 우리 몸 상태를 재단하고 약을 권하는 현상을 사회학자들은 '의료화'라는 말로 포착합니다.[12] 좀더 정확히 말하면, 의료화medicalization란 과거에는 치료 혹은 약물의 대상이 아니었던 것이 치료의 대상이 되는 현상을 말합니다. 얼마전 질병으로 분류할 것인지 말 것인지를 두고 사회적 논쟁이 일어난 게 임중독이 좋은 예입니다. 게임을 중독처럼 좋아하는 것을 하나의 현상으로 보다가 중독증이라는 말을 붙여 치료의 대상, 그것도 약물치료의 대상으로 여기는 것이 의료화이지요. 최근 들어 많이 회자되는 공황장애, 과잉행동증후군 ADHD, 건강염려증 같은 것들도 의료화의 예입니다. 저만 해도 어렸을 적 부산한 성격이라 지금 같으면 ADHD 진단을 받을 가능성이 클 듯한데, 의료화는 이런 성격상의 특징을 어떤 증상이나 질환으로 분류하는 거죠.

의료화의 과정은 여러 과학적, 사회적 이유가 있기 때문에 그것이 정당한지 아닌지를 하나의 기준으로 재단하기는 어렵습니다. 하지만 분명

한 것은 어린 시절 저의 경우처럼 성격상의 특징이나 행동에서 오는 현상들을 약물로만 다루려는 것은 과잉 의료화over medicalalization라는 겁니다. 약물은 늘 부작용을 동반하기에 생활습관이나 행동치료 등 여러 보존적 요법 이후에나 꺼내들어야 할 카드일 테니까요.

저는 그런 과잉 의료화를 비만, 고혈압, 당뇨, 고지혈증 같은 만성질환을 다루는 현대의료에서 봅니다. 이런 만성질환은 실은 그 자체로 질병이 아닐 수 있습니다. 원래는 '질병'을 만드는 위험요인risk factor이었어요. 심혈관 질환이라는 '질병'을 만드는 흡연, 음주, 운동부족, 생활습관처럼 말이죠. 질병은 심근경색이나 뇌졸중이고, 뚱뚱하고 혈압이 높고 피 안에 당 수치가 높거나 지방이 좀 많은 것은 심근경색이나 뇌졸중이라는 질병을 만들 수 있는 위험한 요소라는 것입니다. 이건 제 말이 아니라 세계보건기구WHO가 하는 말입니다.[13] 그리고 비만, 고혈압, 당뇨, 고지혈증을 포함한 위험요인들은 대부분 생활습관의 변화에서 오는 문제들입니다. 우리는 모두 과거보다는 훨씬 많이 먹고 덜 움직입니다. 게다가 먹는 것은 갈수록 더 기름지고 달고 맵고 짜집니다.

문제가 거기 있다면 답도 거기서 찾아야 하지 않을까요? 맥도널드 햄버거 1인분의 크기가 50년 전에 비해 무려 4배 커졌고, 미국인의 평균 체중은 20년 전에 비해 무려 7kg 늘었다고 합니다. 이런 사실을 외면한 채로는 만성질환의 해법을 찾을 수 없을 것입니다. 생활습관의 교정이 먼저이고 우선적이고, 실은 전부라는 것이죠. 우리는 흡연자에게 흡연을 그대로 하게 하면서 항흡연약을 먼저 권하지 않습니다. 알코올 중독자에게 음주를 그대로 하게 하면서 항알코올약을 처방하지 않습니다. (이런 약들은 이름부터 다릅니다. 말 그대로 담배를 끊거나 술을 끊는 것을 보조하는 금연 보조제, 금주 보조제이죠.) 모두 생활습관의 교정이 필요한 문제니까요. 그런데도 여러 의료 관련 학회와 제약회사들은 같은 수준의 문제인 비만, 당뇨, 고혈압 등에 대해서는 유독 항비만약, 항당뇨약, 항고혈압약을 처방하고 권합니다. 최소한 제가 리뷰한 미국 당뇨협회ADA: American Diabetes Association의 150쪽짜리 2018년판 가이드라인에서는 음식에 대한 지적이 단 한 줄에 불과했고 대부분이 약에 대한 얘기였습니다.[14]

이런 흐름이 정당한 걸까요? 섣불리 말하기 어렵습니다. 워낙 많은 자원과 논리들이 뒷받침하고 있으니까요. 다만 제가 말하고 싶은 바는, 현재 만성질환에 약을 권하고 결과적으로 많은 약을 복용하는 것은 그 자체로 온전한 논리나 행위가 아니라는 것이에요. 앞에서 말씀드렸듯, 고지혈증과 스타틴에 대해서는 콜레스테롤 전쟁cholesterol war, 스타틴 전쟁statin war이라는 말이 있을 정도이니까요. 의료화, 특히 만성질환의 의료화는 저명한 학자들 사이에서조차 전쟁이라는 표현이 등장할 만큼 격렬한 논쟁이 일어나는 이슈입니다. 무엇보다 소중한 우리 몸과 건강을 놓고서 말입니다.

# 나이듦, 어떻게 바라볼 것인가?

# 1. 나이듦에 대한 상반된 시선

**수십 억짜리 내기,
당신은 어디에
거실래요?**

미국의 과학자들 사이에서 수십 억짜리 내기
가 진행중입니다. 2001년 이전에 태어난 사람
들 가운데 150살까지 사는 사람이 나올지, 나오
지 않을지를 놓고 벌어진 내기입니다. 한 사람
은 현재 시도되고 있는 여러 항노화 약들 덕에
노화가 늦춰져서 과학과 의학에 의한 수명연장
이 지금의 젊은 세대에게 영향을 줄 수 있다고
합니다. 이 사람은 150살까지 사는 사람이 나온
다는 데 겁니다. 이에 반해 다른 사람은 그것이

효과를 보기에는 너무 이르다고 합니다. 약물이든 심지어 유전자 조작이든, 그런 것들은 인간과 생명의 긴 진화과정과 자연선택 과정이 생략되었기에 더 지켜보아야 한다는 거죠. 2150년이 되어야 결판이 나서 내기에 걸린 돈은 후손들이 받겠지만, 어쨌듯 과학자들 사이에서도 노화에 대한 상반된 전망을 보여주는 단적인 예라서 상당한 관심을 끌었습니다.[1]

150살까지 사는 사람이 나온다는 데 내기를 건 사람은 앨라배마 대학의 생물학과 교수인 스티븐 아우스타드(Steven Austad, 왼쪽)이고, 반대편에 건 사람은 일리노이 대학교의 공중 보건학 교수인 제이 올산스키(Jay Olshansky, 오른쪽)입니다.

현장에서 노령환자들을 만나는 의사들이나 그에 접근하려는 생명공학 회사들 사이에서도 의견이 갈립니다. 한쪽에서는 노화 자체를 질병으로 여기고 치료 대상으로 보려 하죠. 이들은 왜 생명과 인간이 생로병사를 겪는지에 대한 상당한 과학적 진척이 있으므로 이를 노화 치료에 이용해야 하고, 이를 통해 생명연장을 시도해야 한다고 주장합니다. 다른 한쪽에서는 나이듦을 자연스러운 생명의 과정으로 여깁니다. 우리는 나이 먹으면서 오히려 더 성숙해지고 세계를 음미할 수 있다는 것이죠. 과학과 의학은 이런 면을 존중해서 섣부른 개입을 자제해야 하며, 이미 개입이 시작된 자체가 자연스럽고 만족스러운 노화를 방해하고 질병을 더 만들 것이라고 걱정합니다.[2]

만약 내기에 참여한다면, 여러분은 어느 쪽에 거실 건가요? 어느 쪽이든 각자 경험과 가치관에 맞추어 판단하겠지만, 분명한 것은 현재 우리 시대에는 심지어 생명과 인간이 보편적으로 겪는 노화에 대해서조차도 상반된 의견이 존재한다는 것이에요. 이런 상황은 바꾸어 생각하면 섣불리 한쪽 견해에 쏠리기보다는 스스로의 공부와 경험을 통해 자신에게 맞는 이론을 받아들여야 한다고 일깨웁니다.

다만 전체적인 흐름을 보면, 노화를 질병 혹은 치료의 대상으로 보려는 경향이 더 커져가고 있습니다. 이미 2018년에 세계보건기구 WHO는 노화Old Age를 하나의 질병으로 인정하고 코드를 부여했고,[3]

〈란셋Lancet〉이라는 유수의 학술지는 이를 두고 노화 자체에 접근해보려는 과학자나 제약회사들의 앞을 가로막던 커다란 허들 하나가 제쳐졌다고 평가했어요.[4] 이런 입장을 견지한 제약회사들과 생명공학 회사들은 당연히 노화에 대한 새로운 비즈니스 모델이 가능해졌다고 환호했습니다.[5] 미국에서는 구글의 자회사인 칼리코Calico 같은 벤처기업이 노화에 접근할 준비를 이미 해두기도 했고요.

이렇게 노화에 질병코드까지 부여한 사건은 당연히 하루이틀 사이에 일어난 일이 아닙니다. 과학과 의학은 꽤 오랫동안 노화를 질병으로 보려는 연구를 축적해 왔어요. 대표적으로는 노화aging를 (만성)염증inflammation으로 보려는 염증노화inflammaging라는 개념이 있습니다. 이탈리아 의사인 클라우드 프란체스키Claude Franceschi에 의해 2000년 즈음부터 시작된 개념인데요,[6] 노인들의 혈액을 보니 염증을 일으키는 여러 인자사이토카인들이 상대적으로 많더라는 겁니다. 그래서 증상이 없더라도 만성염증을 일으킬 수 있는 인자를 낮추는 것이 노화나 노화 관련 질병을 줄일 수 있다고 주장하면서 관련 연구를 해왔습니다. 이런 흐름이 모여서 드디어 노화를 질병화하고 질병코드를 부여하는 데 이른 거겠죠.

하지만 저는 이런 흐름에 경계감이 있습니다. 물론 노화는 여러 의학적 개입으로 늦춰질 수 있어요. 피부에 넣는 필러나 보톡스가 그런 예입니다. 또 제 일과 연관하여 생각해보면, 저는 임플란트가

수명연장에 매우 강력한 기여를 하고 있다고 생각합니다. 잘 먹는 것은 매우 중요한 일일 테니까요. 하지만 이처럼 노화 현상을 부분적으로 개선하려는 시도와 노화 자체를 질병으로 보는 것은 차원이 다른 얘기죠.

지난 세기 동안 과학과 의학은 놀라울 정도로 진보했습니다. 하지만 그것으로 과연 지난한 생명과정인 노화 자체를 해결할 수 있을까요? 구체적으로 염증노화설처럼 노화를 염증의 과정으로 본다면 해답은 자연스럽게 항염제 투여로 이어집니다. 이런 논리가 통증이나 붓기 같은 구체적 염증 소견이 없는데도 저용량의 아스피린 같은 약을 권하는 흐름을 만든 거죠. 하지만 2018년 발표된 대규모 무작위 임상실험의 결과를 보면 회의가 들지 않을 수 없습니다. 각각 1만 명 가까운 사람들을 6년 동안 한쪽에는 아스피린을, 다른 쪽엔 위약을 투여했는데, 아스피린은 건강한 사람들의 질병예방이나 수명연장에 별 도움이 되지 않았습니다.[7] 애초에 아스피린이 얻고자 하는 심근경색 예방의 효과가 약간 있기는 했지만, 아스피린을 먹은 그룹에서 아스피린의 부작용인 출혈로 사망한 사람이 더 많았고, 시간이 갈수록 원인을 모르는 암 발생이 증가했습니다. 그래서 전체적인 사망률에서도 아스피린을 먹은 그룹이 훨씬 더 높았습니다. 아스피린으로 수명연장을 노렸다면, 정반대의 결과에 이르렀다는 거죠. 그리고 이것은 약에는 아직도 우리가 모르는 부작용이 동반될 수 있다는 것을 의미합니다.

또 염증노화설은 건강하게 100살까지 사는 사람들의 혈액에도 염증물질이 높다는 사실[8] 앞에 서면 힘을 잃고 맙니다. 인간은 (혹은 생명은) 나이가 들면 몸에 많은 변화가 있기 마련이고, 그러면서도 백세인들처럼 나름 건강하게 살아갈 수 있는데, 그 많은 변화 중 일부 분자적 흐름만 포착해서 염증노화라고 이름 붙인 것이 아니냐는 논박이 가능하다는 거죠. 이런 논박에 염증노화설 주창자들은 백세인들은 염증을 방어하는 물질도 많이 가지고 있더라며 방어하려 하지만, 아무래도 무척 궁색해 보입니다.

**건강한 노화를 위한 나의 선택**

제가 보기에 우리 세대는 과거 세대에 비해 나이듦을 준비하는 데 몇 가지 중요한 이점이 있습니다. 첫째, 먹는 것이 충분해졌습니다. 전세대가 겪었던 보릿고개가 우리에겐 없습니다. 둘째, 사회복지와 의료보험은 우리 모두에게 최소

# 아스피린 복용한 사람들의 암과 관련된 사망

누적 발생률 (%)

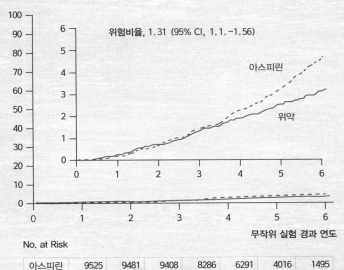

위험비율, 1.31 (95% CI, 1.1.-1.56)

아스피린

위약

무작위 실험 경과 연도

No. at Risk

| | | | | | | | |
|---|---|---|---|---|---|---|---|
| 아스피린 | 9525 | 9481 | 9408 | 8286 | 6291 | 4016 | 1495 |
| 위약 | 9589 | 9545 | 9466 | 8369 | 6367 | 4077 | 1476 |

## 원인에 따른 사망률

| 사망원인 | 전체 (N=19,114) | 아스피린 (N=9525) | 위약 (N=9589) | 위험비율 (N=95% CI) |
|---|---|---|---|---|
| | 사망자 수 | 사망율(%) | | |
| 전체 | 1052 | 558 (5.9) | 494 (5.2) | 1.14 (1.01-1.29) |
| 암 | 522 | 295 (3.1) | 227 (2.3) | 1.31 (1.10-1.56) |
| 심혈관 질병, 뇌경색 포함 | 203 | 91 (1.0) | 112 (1.2) | 0.82 (0.62-1.08) |
| 심각한 출혈, 출혈성 뇌졸증 포함 | 53 | 28 (0.3) | 25 (0.3) | 1.13 (0.66-1.94) |
| 기타 | 262 | 140 (1.5) | 122 (1.3) | 1.16 (0.91-1.48) |
| 불충분한 정보 | 12 | 4(<0.1) | 8 (0.1) | — |

한의 사회적 안전망을 제공합니다. 셋째, 아직 논쟁이 끝난 것은 아니지만, 운동과 식이요법 심지어 이런저런 영양제와 약들이 노화방지에 좋다는 일정한 과학적 근거가 만들어지고 있습니다. 우리 세대는 이런 가용한 것들을 나름의 경험과 가치판단을 통해 자신에 맞게 이용하면서 나이듦을 준비할 수 있다는 면에서 어찌 보면 가장 축복받은 세대라 할 수 있습니다.

그래서 우리는 앞에서 살핀 상반된 과학적 태도에 대해 우리 스스로 판단을 내리고, 그 판단을 바탕으로 일상을 구성해야 합니다. 구체적으로 먹는 것을 예로 들어볼까요?

50대에 들어서면서 건강 문제에 주위 친구들이나 지인들의 관심이 점점 높아져가는 것을 느낍니다. '어디가 불편해서 이런 걸 먹고 이런 운동을 해봤다'는 팁들이 오갑니다. 대중매체에서도 건강에 좋다는 음식이 계속 추천되고, '나이 드는데 이것도 안 먹느냐'는 도발적인 광고로 유혹하기도 합니다. 심지어 식당이나 농산물을 키우는 분들도 '이것은 면역에 좋고 항암작용이 있고 관절에 좋고……' 같은 말을 서슴없이 합니다. 과학과 의학 역시 건강장수에 도움이 된다는 물질을 찾고 있습니다. 대표적으로 미국 노화연구소National Institude of Aging는 우리나라에도 흔한 강황이나 녹차, 포도주에 들어 있는 레스베라트롤Resveratrol 같은 물질이 수명을 연장하는지 탐색 중이고, 그렇게 탐색하는 대상 중에는 아스피린 같은 항염제나 라파마이신

Rapamycin 같은 항생제도 한자리를 차지하고 있습니다.

　이런 이야기를 들을 때마다 저는 반대되는 생각을 합니다. 실은 이런 모든 것을 안 먹거나 덜 먹는 것이 오히려 건강이나 장수에 더 좋다는 거죠. 현재까지 가장 많은 과학적 데이터를 가지고 있는 장수 방법은 다름 아닌 소식小食, calorie restriction이거든요. 소식은 몸을 가볍게 할 뿐 아니라, 우리 몸에서 일어나는 염증 반응을 낮추고 건강수명과 기대수명을 늘립니다. 소식과 장수에 대한 연구는 세포 하나짜리 효모에서부터 쥐, 원숭이를 거쳐 인간을 대상으로[9] 한 임상실험에 이르기까지 탄탄한 근거를 확보하고 있습니다. 소식에 대한 연구는 과학의 역사로 보면 1935년 맥케이Clive McCay에 의해 시작되었다고 하지만,[10] 우리 선조의 오래된 지혜이기도 합니다. 인터넷으로 볼 수 있는 《동의보감》에는 과식을 경계하는 내용이 많고 "몸을 가볍게 하고 늙지 않고 오래 살게 해야 한다輕身, 延年不老"는 표현이 두 번이 등장하네요.[11]

　건강과 장수를 위해 건강에 좋다는 음식과 영양제, 심지어 보약과 양약까지 매끼 챙겨 먹을 것인가, 그런 것 전체를 아예 절제하거나 멀리 하고 소박한 음식을 먹을 것인가에 대한 해답은 없습니다. 모두 나름의 근거를 가지고 있으니까요. 제가 드리고 싶은 얘기는, 노화를 보는 전체적인 관점만이 아니라 먹는 것 혹은 먹는 것을 통해 건강을 유지하는 것 역시 이제 선택의 문제일 수 있다는 겁니다. 물론 시간이 없어 허겁지겁 편의점 음식으로 매끼를 때워야 하는 분들도 우리 사회에는 여전히 많고, 경제적 차이가 건강수명에 상당한 영향을 미치는 것도 사실입니다. 하지만 그러더라도 음식을 덜 탐하고 소식을 실천하는 것은 상당 부분 자기 책임하에 가능한 일이 아닐까 합니다.

저의 경우, 하루 두 끼 먹는 간헐적 단식을 실천 중입니다. 아침을 거르고 점심과 저녁을 먹는 것이죠. 간헐적 단식intermittent fasting에 대해 검색하면 이런저런 이유로 반대하거나 걱정하는 사람들도 있지만, 제 몸이 느끼는 바는 참 좋습니다. 게다가 소식처럼 간헐적 단식 역시 건강에 좋다는 데이터가 많이 쌓이고 있는 중입니다. 심지어 같은 칼로리를 두 끼에 걸쳐 먹을 때가 세 끼에 걸쳐 먹을 때에 비해 당뇨를 비롯한 대사증후군을 예방하는 효과가 있다는 보고도 있습니다.[12] 음식이 지속적으로 우리 몸에 들어오면 혈당이 늘 높은 상태로 있을 텐데, 그것을 한번 끊어줌으로써 우리 몸을 쉬게 하고 혈당을 낮추는 효과가 있기 때문일 겁니다. 이런 수많은 정보들 속에서 무엇을 택할 것인지도 자기 선택의 문제일 수밖에 없습니다.

여하튼 결론적으로 제가 드리고 싶은 말은, 우리 시대는 나이듦 역시 선택과 준비의 문제라는 겁니다. 그 중에서 가장 중요한 먹는 것이나 운동을 포함한 생활습관 역시 마찬가지이고요. 보험회사는 연금을 통해 은퇴 후를 준비하라 권하는데, 제가 보기엔 더 중요한 은퇴준비, 노화준비는 스스로 공부하고 판단하며 생활습관을 교정해가는 것이 아닐까 합니다.

# 2. 99세까지 88하게 사는 것은 가능하다!

**질병,
피할 수 없다면
짧게!**

어제도 산에 다녀왔습니다. 진료가 없는 날이면 저는 늘 배낭을 메는데, 가까운 지인들과 함께 하는 산행도 좋고 혼자 고요히 산길을 거닐며 떠오르는 생각을 즐기는 것도 참 좋습니다. 어제는 산길을 걷는 동안 미국인 스콧 니어링Scott Nearing이 떠올랐습니다. ≪조화로운 삶≫이라는 책으로 많이 알려진 사람이죠. 1차 세계대전과 1930년대 대공황을 거치는 동안 자본주의 사회의 불안정성에 회의를 느껴 50대 이후에는 버

몬트 시골마을로 가서 돌집을 짓고 자급자족으로 스스로의 삶을 살아간 사람입니다. 이 분은 저에게 어떻게 나이 먹을지에 대해 영감을 줍니다. 지천명 즈음해서 스스로의 정체성과 삶의 방법을 재구성해서 그 방향으로 나이 들어간 것, 1983년 100살 되는 해에 스스로 곡기를 끊고 죽음을 자신의 의지대로 맞이한 것, 그때까지 병원 신세를 전혀 지지 않고 건강하게 노후를 보냈다는 것 등등에서 말이죠.

많은 분들이 이 세상으로의 소풍을 스콧니어링처럼 마감하고 싶을 겁니다. 99세까지 88하게 살다가 하루이틀 앓는 것으로 삶을 마무리한다는 '9988'이란 말도 있잖아요. 과연 니어링처럼 9988이 우리에게도 가능할까요?

인명재천이라 개개인의 삶을 어떻게 예측하겠습니까만, 전체적인 흐름으로 보면 충분히 가능하다고 답하는 학자가 있습니다. 미국 스탠포드 의대의 제임스 프라이스James Fries 교수인데요, 이 사람은 1998년부터 시작해 1,700명 정도의 스탠포드 대학 동문들을 20년 넘게 추적하면서 노화와 질병의 흐름을 관찰했습니다. 프라이스의 결론은 노령화가 진행될수록 사람들은 질병을 죽음 전에 압축적으로 앓다가 사망한다는 것이었습니다.[1] 말 그대로 9988인 셈이죠. 단, 조건이 있습니다. 나이가 들면서 자연스럽게 찾아온다고 생각하는 고혈압이나 당뇨 등의 질병으로 인해 약을 먹는 시점을 최대한 뒤로 미뤄야 한다는 겁니다. 달리 말하면, 건강한 생활로 여러

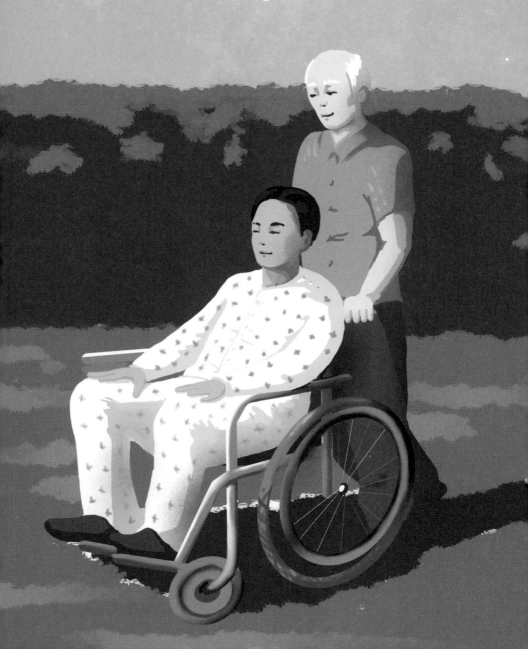

당신이 바라는 노후는 어떤 모습인가요?
99세까지 88하게 산다는 9988은 로망이 아니라
실현 가능한 '우리의 미래'가 될 수 있습니다.

만성질환을 가능한 멀리 해야 한다는 것이죠. 너무 당연한 말인가요? 어쨌든 이를 학술적으로는 질병압축compression of morbidity이라고 합니다.

현실적으로 보면 질병압축은 우리 주위의 풍경과는 다를 수 있습니다. 80대 후반인 저의 어머니만 해도 특별한 병은 없지만 걷기가 불편할 만큼 쇠약하고 변비로 고생하시며, 특히 기억이 깜박깜박하십니다. 늘 들고 다니시는 가방 속에는 드시지도 않는 약이 한 움큼 들어 있기도 합니다. 통계적으로 보아도 우리나라 65세 이상 고령층의 의료비가 급증하고 있지요. 또 나이 들면 한두 가지의 질병을 갖고 사는 걸 당연하게 받아들입니다. 학계에서도 질병압축에 대해 '그게 가능한 얘기냐'며 논박이 오갔고,[2] 좀더 많은 검증을 위해 지금도 장기간의 인구역학조사가 진행중이기도 합니다.

저는 질병압축이 한 개인에게 9988이라는 희망과 로망이 아닌 '나의 미래'로 현실화되려면 이 이론의 전제에 주목해야 한다고 생각합니다. 질병의 시작 시점을 최대한 늦춰야 한다는 거죠. 여러 만성질환이든, 암이나 치매 같은 중병이든, 병이 시작되면 우리는 약에 의존하기 시작합니다. 하지만 그 약들 하나하나는 나름의 효능은 있을지 몰라도 전체적으로 보면 약이 약을 부르고 병을 키우는 경우도 많아 결과적으로 건강수명은 단축될 가능성이 큽니다.

물론 질병이 시작되는 시점을 늦춘다는 것이 맘대로 되기 어려운

# 노화의 세 가지 시나리오와 질병압축

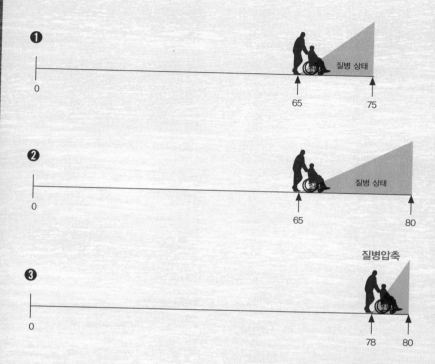

❶ 75세까지 사는데, 65세부터 질병 시작, 10년간 질병 상태 (위)
❷ 80세까지 사는데, 65세부터 질병 시작, 15년간 질병 상태 (가운데)
❸ 80세까지 사는데, 78세부터 질병 시작, 2년간 질병 상태 (아래)

맨 아래 ❸을 '질병압축'이라 하는데,
100살까지 질병 없이 자기 의지대로 살다가
스스로 삶을 마무리한 스콧 니어링의 경우는
이상적인 질병압축의 모습을 보여준다고 할 수 있습니다.

면이 큽니다. 기본적으로 인명재천일 테니까요. 우리가 숨쉬는 공기에는 미세먼지가 많고, 먹은 음식도 과거에 비해 훨씬 더 달고 짜고 맵고 기름지고 양도 많아졌습니다. 고도화되어가는 사회가 주는 스트레스도 많습니다. 게다가 정기적으로 받는 건강검진표는 여러 수치로 우리 몸이 정상이 아님을 알려주려 하고, 사회 전체적으로 상당한 의료화의 압력이 진행중이기도 합니다.

하지만 그러더라도 질병의 시작 시점은 우리 '맘대로' 결정할 수 있는 여지가 있습니다. 보건학에서는 '스스로 건강하다'고 느끼는 주관적 평가와 주관적 만족감이 무척 중요하다는 이론이 있습니다. '자기평가 건강도Self-rated Health'라는 건데요, 실은 단순합니다. 사람들한테 그냥 "당신은 건강하신가요?"라는 단 하나의 질문만 하는 겁니다. 그리고 자신이 느끼는 건강 정도를 1~5점까지 점수를 매겨보라고 합니다. 영어로는 "excellent / very good / good / fair / poor"로 항목을 제시하고 답을 하도록 하죠. 이 물음에 스스로 몇 점을 주느냐가 수명과 사망에 아주 중요하다는 겁니다.[3] 한마디로 정리하면, 스스로 건강하다고 생각하면 정말 건강하게 오래 살고, 스스로 건강이 안 좋다고 생각하면 건강하지 않게 살다가 일찍 죽는다는 거지요.

물론 자신의 건강에 5점excellent을 주는 사람은 객관적으로도 건강할 가능성이 크겠죠. 자신의 건강 상태는 자신이 가장 잘 느낄 테니까요. 실제로 자기평가 건강도가 다른 여러 건강수치가 보여주는 객관적인 건강을 잘 반영한다는 연구도 있습니다.[4] 그래서 스스로 건강하다 생각하고 그것을 지키려는 노력이 필요하다는 겁니다.

저에겐 아주 인상적인 연구가 있습니다. 건강한 100세인들은 스스로 건강하다고 생각하고 있고(아마도 4~5점) 자기 삶에 아주 만족하는데, 여러 진단기법을 이용한 '객관적인' 건강상태를 보니 평균 5개의 '병'을 가지고 있었다는 겁니다.[5] 본인은 (주관적으로는) 건강하다고 생각하는데, 건강진단을 하면 (객관적으로는) 병이 5개 있다니, 무엇이 진실일까요?

이런 연구결과를 보면, 건강검진으로 자신의 건강상태를 알아보는 것도 역설적인 면이 있겠다 싶습니다. 자신의 건강상태를 확인해보는 면도 있지만, 그 수치에 스스로를 가두게 되죠. 또 수치에 맞춰서 약을 권하고 처방을 받는 흐름은 질병의 시작 시점을 앞당기고 약이 약을 부를 가능성을 높여서 결과적으로 질병의 압축을 저해할 수 있죠. 건강검진에서 수치가 나오고 약 처방으로 이어지는 21세기 현대 의료의 흐름을 '수치로 처방하기Prescribing by Numbers'라는 표현으로 꼬집는 책도 있습니다.[6] 그렇게 우리는 조금씩 환자가 되어간다는 거죠. 또 다른 책은 그래서 우리 사회에는 건강한 사람이 하나도 안 남았다고 푸념하기도 합니다.[7]

(주관적으로) 건강하게 사는 한 개인과 (객관적으로) 수치로 처방

하는 현대 의학의 갭은 여러 곳에서 발견됩니다. 제목이 인상적인 〈성공적 노화의 역설The paradox of successful aging〉이라는 논문이 있습니다.[8] 이 논문에 따르면 건강하게 100살을 넘겨 살고 있는 사람들의 피가 더 끈적끈적하다고 합니다. 100세인들의 혈액 안에는 혈전을 만들 수 있는 여러 성분과 효소의 활성도가 젊은 사람들에 비해 많이 높다는 거죠. 이들의 결론은 이런 현상은 나이 들면서 자연스러울 수 있고, 그래서 그것을 나타내는 수치가 반드시 약물 치료의 대상임을 의미하는 것은 아닐 수 있다는 겁니다. 이 논문은 1995년에 나온 건데, 21세기 들어 급속히 확대된 아스피린 처방 흐름에 눌려 별 주목을 받지 못했습니다. 하지만 앞에서도 언급했다시피 아스피린을 건강한 노인들이 먹는 것은 오히려 사망률을 높이고 암 발생을 높일 수 있다는 장기간의 연구에 주목해야 합니다.[9]

이런 연구들을 볼 때면 저는 늘 현대의학과 과학이 좀더 겸손해져야 한다는 생각을 하게 됩니다. 20세기 동안 발견한 몇 가지 분자적 지표로 지난한 진화의 과정을 거친 생명의 자연스러운 흐름을 섣불리 침해하려는 듯한 느낌이랄까요.

**100살까지
활동적으로**

제가 스스로 머릿속에 그리는 노화에 대한 상이 하나 있습니다. 활동적 노화active aging라는 건데요, 세계 보건기구에서 2002년부터 2015년까지 전 세계 시민과 국가에 권장한 노화의 개념이기도 합니다. 단순합니다. 나이 먹을수록 더 액티브하게, 활동적으로 살라는 권고입니다.

예를 하나 들겠습니다. 미국의 마라톤클럽 연구runner club study라는 게 있습니다. 1984년부터 시작해 21년간 관찰하면서 중간중간 논문을 발표한 연구인데,[10] 1년에 2,000마일 이상씩 뛰는 50대 이상의 마라톤클럽 멤버 538명과 달리기는 좋아하되 슬슬 조깅 삼아 하고 뛰는 양도 마라톤클럽 멤버들의 10% 정도인 건강한 사람들 423명을 비교 관찰한 거예요.[11] 두 그룹 모두 운동을 좋아하고 실제로 운동을 하는데, 한쪽(마라톤클럽 멤버)은 상당한 강도로, 한쪽(대조군)은 즐기는 정도로 한 건데요, 21년 후 결과가 어땠을까요? 21년 후까지 이 연구를 따라와준 사람들 가운데 마라톤클럽 회원들은 워낙 운동을 좋아해서인지 80세 가까이 되었는데도 일주일에 평균 76분의 달리기를 포함해 강도 높은 운동을 주당 5시간 정도 (287분) 하고 있었어요. 이에 비해 그냥 취미로 조깅 정도를 했던 사람들은 21년 후에는 달리기는 거의 하지 않고(주당 1.1분) 주당 138분의 운동을 하고 있었어요. 50대의 운동습관이 21년 후까지 큰 영향을 주었던 거죠. 그 결과 어떤 일이 벌어졌을까요? 다음 페이지 도표는 그 결과를 보여주고 있습니다.

다음 페이지 〈그림 2〉에서 보듯, 19년차인 2003년 두 그룹의 사망률은 눈에 띄게 차이를 보입니다. 마라톤클럽 사람들은 19%, 대조군은 34%가 사망했습니다. 많이 차이 나죠. 또 일상생활을 얼마나 자유롭게 하느냐는 질문에서도 마라톤클럽 멤버들의 경우 불편하다고 답한 사람은 10%대인 반면, 대조군의 경우 남성은 35%가량이, 여성은 절반 넘게 불편하다고 답했죠(그림 1). 장기 관찰이니 사망률과 일상생활 능력 모두를 시계열적으로 보여주는데, 둘 다 시간이 갈수록 차이가 벌어집니다. 특히 여성의 경우 시간이 지나면서 더 크게 벌어지는 모습을 보이네요. 결론은 중년이나 노인들에게도 상당한 강도의 운동이 건강을 유지하는 데 보탬이 된다는 겁니다. 이런 연구가 말하는 것은 간단합니다. 나이 들어서도 활동적일 수 있다, 혹은 활동적이어야 한다는 거죠. 이것을 '활동적 노화active aging'라는 용어로 정리하여 WHO에서 받아들인 겁니다.

바람직한 나이듦을 묘사하는 용어가 여럿 있는데, 그 중에서도 특

# 마라톤 클럽 연구

미국 스탠포드대에서 이루어진 운동과 노화에 대한 21년 장기연구

|  | 관찰군 | 대조군 |
|---|---|---|
| 1984년 시작 시점 | 50대 이상 마라톤 클럽 회원 538명 | 비슷한 나이대로 맞춘 423명 |
| 2005년 마무리 시점 | 284명이 끝까지 기록 (평균 나이 78세) | 156명 완수 (평균나이 80세) |

그림 1 _ 21년 후 마라톤클럽과 비교군의 질병으로 인한 생활불편도

관찰이 시작된 지 21년 후 모두 80세가량 이르렀을 때, 마라톤클럽의 회원들은 10%대만 일상생활이 불편하다고 한 반면, 대조군 가운데 남성은 35%가량, 여성은 50%가 넘게 일상생활이 힘들다고 했습니다(맨 위). 시간이 가면서 점점 벌어지는 모습입니다.

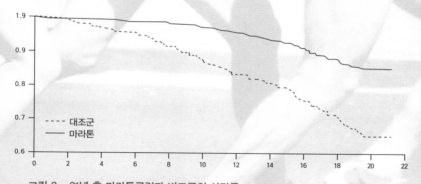

그림 2 _ 21년 후 마라톤클럽과 비교군의 사망률

21년 후 마라톤클럽 회원들은 19%가 사망한 반면, 대조군은 34%가 사망했습니다.

히 눈에 띄는 것은 지금까지 우리가 이야기한 '활동적 노화'와 더불어 '성공적 노화successful aging'입니다. 성공적 노화는 1997년에 제기된 용어인데요, 세 가지 요건이 있습니다. ① 질병이 없을 것, ② 신체적 정신적으로 온전할 것, ③ 자기 인생의 의미를 음미할 수 있는 사회적 친분과 참여를 유지할 것입니다.[12] 이에 비해 활동적 노화는 육체적 · 정신적 활력Vitality & Strength을 강조한 것이죠.

활동적 노화든 성공적 노화든, 실은 너무나 상식적인 것이고 방송에서 늘 듣는 얘기이기도 하죠. 100세인들의 라이프스타일을 관찰해보면 늘 많이 움직인다는 게 공통된 특징인데, 이것이 미래형 노화의 상으로 정립되어 가고 있는 것으로 보입니다. 그리고 이 활동적 노화라는 개념은 질병압축설과 동전의 양면을 이룹니다. 약은 급할 때만 의지하고 활력vitality & Strength을 유지해야 피하고 싶은 질병을 압축적으로만 겪게 될 테니까요.

80대 후반인 저의 어머니는 이유없이 몸이 아플 때는 '아파서 못 살겠다'고 하소연을 하십니다. 그럴 땐 영양 수액을 맞게 해드리고 거기에 가끔 진통소염제를 넣어 드리기도 했습니다. 얼마전에도 그랬습니다. 몸이 아프고 힘들다 하셔서, "엄니, 그럼 주사 한 대 맞으실라우?" 그때 어머니의 답이 인상적이었습니다. "야야, 안 맞을란다. 아프다고 자꾸 주사를 맞으니, 내 몸이 거기에 적응되는 것 같다. 좀 걸어보고 운동하면서 지내볼란다." 그 말을 듣는 순간, 전 생

명의 본성 같은 걸 느꼈습니다.

제가 좋아하는 건배사가 있습니다. '백두산!'입니다. '백살까지 두 발로 산에 오르자!'는 뜻이죠. 우리 모두 백두산!

# 3. 생명 그리고 노화란 무엇인가?

**생명,
우주의 법칙을
거스르는**

오늘 아침은 자전거로 출근했습니다. 새벽 5시
쯤 일어나 집 앞 호수공원을 한 바퀴 돌면서 시
원한 나무 바람과 나무 내음을 즐기다 병원으로
왔지요. 25년 전 처음 생겼을 때는 앙상한 나뭇
가지들이 꽂혀 있는 것만 같던 일산의 호수공원
은 이제 무성한 숲이 되어 저를 맞았습니다.

공원에는 이른 시각인데도 사람들이 많았습
니다. 어떤 분들은 걷고, 어떤 분들은 뛰고, 저
처럼 자전거나 인라인 스케이트를 타는 분들도

있었습니다. 한 분은 휠체어를 타고 바퀴를 열심히 돌리며 공원을 돌고 있었습니다. 참 여러 사람들이 여러 방식으로 아침을 맞고 자신의 몸을 돌보는구나 싶었습니다.

그렇게 공원을 돌다 보니 떠오른 그림이 있었습니다. 거의 수직으로 떨어지는 폭포를 거슬러 올라가기 위해 있는 힘을 다해 노를 젓는 사람을 그린 그림입니다(다음 페이지). '과연 저게 가능할까?' 하는 물음이 절로 나오지만, 그건 답을 듣기 위해서가 아닙니다. 그저 감탄처럼 나오는 것이죠. 노를 젓는 사람은 엄청난 에너지를 쓰고 있는 상태일 텐데도, 얼굴은 생각보다는 평온합니다. 몸도 생각만큼은 힘이 잔뜩 들어가 있는 것 같지는 않고요.

아래로 떨어지는 폭포에 '엔트로피entropy'라고 쓰여 있습니다. 우리말로 '무질서도'라고 번역되는 말입니다. 텀블러에 물을 넣고 에스프레소를 한 방울 떨어뜨리면, 진한 커피 방울이 물 사이로 흩어집니다. 무질서도가 증가하는 거죠. 매우 자연스럽고 다른 에너지나 다른 개입이 필요 없는 과정입니다. 반대로 연한 아메리카노에서 진한 에스프레소를 다시 모으는 것은 그저 일어나지 않습니다. 열(에너지)을 가해 물을 증발시키지 않으면 불가능하죠. 말하자면, 증가된 무질서도(연한 아메리카노)를 역전시켜 감소된 무질서도(진한 에스프레소)가 되는 것은 아무런 개입이 없는 자연 상태에서는 불가능하다는 겁니다. 자연 상태에서는 무질서도가 증가하는 일방만 가능

생명은 엔트로피가 증가하는 우주의 법칙을
거스르는 유일한 존재입니다.

하다는 말이기도 하고요. 자연스럽게 떨어지는 폭포처럼 말입니다.

자연스러운 상태에서는 엔트로피(무질서도)가 증가한다는 것은, 세상만사 모든 것이 그러하기에 우주의 법칙이라고 할 수 있습니다. 열역학 법칙의 두 번째로 꼽혀 중고등학교 물리시간에 나오는 것이기도 하고요. 이 세계는 늘 엔트로피가 증가하죠. 그런데 자연 상태인데도 이 우주의 법칙을 거스르는 유일한 존재가 있습니다. 바로 생명Life입니다.

제가 오늘 아침처럼 호수공원을 돌려면, 숨을 쉬어야 하고, 눈은 주위를 살펴야 하고, 페달을 밟는 근육은 수축해줘야 하고, 방향감각도 잘 유지되어야 합니다. 그런 와중에 페달을 밟고 방향을 잡은 것 외에 제가 의식적으로 노력하는 것은 거의 없습니다. 저 그림 속 사람보다 더 평온한 상태에서 공원의 숲을 즐기고 사람들의 모습을 감상했을 뿐입니다. 하지만 그 시간 동안, 아니 지금도 제 몸은 심장과 뇌와 근육을 포함해 몸을 구성하고 있는 100조 개에 이르는 세포들은 모두 활발하게 활동하죠. 그래야 산책도 감상도 가능합니다. 어마어마한 일이지요. 더 놀라운 것은 그 어마어마한 일이 벌어지는 동안, 저는 의식적으로 에너지를 쏟지 않는다는 것입니다. 특별히 에너지를 쏟지 않는데도 제 몸의 모든 세포들은 정교하게 무질서도를 역전하며 어마어마한 질서로 제가 호수공원을 돌도록 하고 생활하도록 해주죠.

우리 몸 세포 속을 들여다보면 더 어마어마한 일이 벌어지고 있습니다. 좀 길지만 빌 브라이슨Bill Bryson의 ≪거의 모든 것의 역사≫ 중 일부를 옮겨보겠습니다.

세포의 활동에 대해서 가장 놀라운 사실은, 모두가 그저 아무렇게나 일어나는 광란의 움직임이라는 것이다. 서로 끌어당기고 밀치는 기본적인 법칙에 의해서 나타나는 끊임없는 충돌의 결과일 뿐이다. 세포의 움직임 어느 부분에도 사고思考의 과정을 찾아볼 수 없는 것은 분명하다. 모든 것이 그저 일어나면서도, 우리가 눈치를 챌 수 없을 정도로 완벽하고, 반복적이고, 신뢰할 수 있도록 일어날 뿐만 아니라, 어떻게 해서든지 세포 내에서의 질서만이 아니라 조직 전체에서의 완벽한 조화도 유지된다. 이제 겨우 그 내용을 이해하기 시작하고 있지만, 수를 헤아릴 수도 없는 반사적인 화학반응들이 서로 겹쳐져서, 당신이 움직이고, 생각을 하고, 결정을 내릴 수 있도록 해주고 있다. 지능은 낮더라도 역시 믿을 수 없을 정도로 조직화된 쇠똥구리의 경우도 마찬가지다. 모든 생명체는 신비로운 원자공학의 결과라는 사실을 잊지 말아야 한다.[1]

생명은 이런 것입니다. 이 우주에서 엔트로피 증가를 역행할 수 있는 유일한 존재이죠. 이는 일찍이 1940년대에 노벨물리학상을 수

상한 슈뢰딩거E. Schrödinger가 갈파한 개념입니다.[2] 이후 저만이 아니라 수많은 과학자들에게 영감을 준 개념이기도 하고요. 38억 년이라는 억겁의 시간 동안 거듭해온 진화, 혹은 절대자의 정교한 개입이 아니면 불가능한 생명의 모습이기도 하죠.

## 노화, 우주의 원리로 돌아가는

그럼 노화는 뭘까요? 당연히 생명이 해체되는 과정입니다. 그러니까 엔트로피 증가라는 원래의 우주로 돌아가는 것을 의미하죠. 생명활동으로 자신의 정체성을 지키던 생명이 서서히 자기 내부와 외부의 경계를 허물며 자연과 우주로 돌아가는 과정으로 접어듭니다. 죽음이 그 정점이고요. 그런 의미에서 죽음을 "돌아가셨다"고 표현한 우리 선조들은 참 지혜롭고 통찰력 있다는 생각이 듭니다.

그러기에 노화는 법적으로 노령인구라 칭하는 65세 이상만의 문제가 아닐 겁니다. 다 아시

다시피 노화는 젊음의 피크인 20대 이후부터 시작되니까요. 우리 몸에서는 해체와 복구가 끊임없이 반복됩니다. 한 곳은 해체되고 다른 곳은 그 해체를 복구합니다. 해체력과 복구력의 겨루기는 20대를 정점으로 점점 해체력이 커지는 거죠.

뼈를 예로 들어볼까요? 그 단단함 때문에 변화가 없을 것 같지만, 뼈도 평생 계속 바뀌고 실시간으로 바뀝니다. 리모델링이 계속되는 거죠. 의과학적으로도 골-리모델링Bone Remodeling이라고 부르는 이 과정은 두 종류의 세포에 의해 이루어집니다. 앞쪽에서 파골세포osteoclast가 뼈를 먹어 치웁니다. 흡수를 하는 것이죠. 그 뒤를 조골세포osteoblast가 따르면서 칼슘과 인을 포함한 여러 성분을 모아들입니다. 뼈를 만드는 것이죠. 이렇게 전혀 상반된 역할을 하는 두 종류의 세포가 짝을 이루어야만 뼈의 재생과 리모델링이 가능합니다. 그래서 이 두 세포를 묶어 BRUBone Remodeling Unit라고 부르기도 합니다.

이런 두 세포의 힘은 20대를 정점으로 한쪽으로 기울어집니다. 성장을 하는 20대까지는 뼈가 점점 자라고 강도도 강해지니 뼈를 만드는 조골세포가 더 큰 역할을 하는 거죠. 그러다 나이가 들면서 조골세포의 역할보다 파골세포의 역할이 더 커집니다. 그리고 전체적으로는 이 두 세포 모두 힘이 떨어지죠. 뼈가 조금씩 약해지는 겁니다. 뼈의 양도 줄어들어 나이가 들면 키도 자연스럽게 조금씩 작아집니다.

# 뼈의 리모델링

골-리모델링 유닛(BRU: Bone remodeling unit)

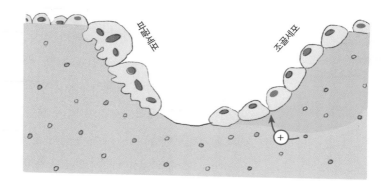

뼈 그램당 칼슘 총량

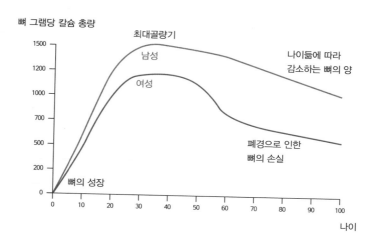

우리 몸은 이렇게 아주 서서히 자연으로 돌아
갈 준비를 합니다.


**운동으로
노화를
거스른다고요!**

그럼 나이듦을, 노화를 어떻게 받아들이는 게
좋을까요? 폭포를 거스르려는 그림(58페이지) 속 사
람처럼, 엔트로피 증가에 역행하도록 최대한 아
등바등해보는 것은 어떨까요? 이 역시 뼈를 예
로 들어 얘기해보겠습니다. 나이 들면서 줄어드
는 뼈의 양과 질에 어떻게 대응할까요? 가장 먼
저 생각해야 할 것은 운동입니다.

　뼈의 리모델링에 가장 큰 영향을 미치는 것은
힘입니다. 뼈에 가해지는 힘은 뼈 세포를 자극
하고 뼈를 리모델링하게 하고, 강도를 높여줍니
다. 이런 힘과 뼈의 관계는 이미 19세기 말에 골
생역학bone biomechanics이라는 하나의 영역을 만
들 만큼 정식화된 것이기도 합니다.[3] 우리 몸에
서 가장 힘을 많이 받은 엉치뼈femur의 머리부분
구조가 힘을 받는 방향과 일치하더라는 것이죠.

# 뼈의 강도와 운동

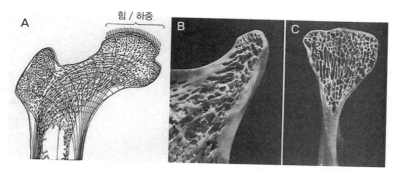

A. 엉치뼈의 머리부분 구조는 힘을 받는 방향에 따라 형성됩니다. 19세기 말 독일의 생리학자 울프(Wolff)는 뼈의 내부 구조가 뼈가 받는 힘의 패턴을 나타낸다는 '울프의 뼈 법칙'을 이끌어냈습니다. B. 엉치뼈의 내부 모습입니다. C. 관절의 머리부분을 절개한 모습인데요. 주목되는 점은 엉치뼈의 머리부분과 마찬가지로 구조가 힘을 받는 방향에 따라 형성되어 있다는 것입니다.

## 고강도 운동에 따른 골밀도와 근육량의 변화 (무작위 통제 실험)

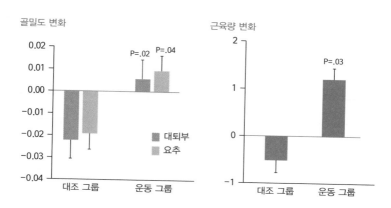

말하자면, 뼈는 힘을 잘 받도록 최적화되며 스스로의 모양과 강도를 바꾸어간다는 것입니다. 이는 나이 들어가면서 힘이 들어가는 운동을 해야 한다는 것을 의미합니다.

1990년대의 한 연구 결과 역시 같은 것을 말하고 있습니다. 힘이 일정하게 들어간 고강도 운동을 일정 시간 동안 하게 한 후 뼈와 근육을 재었더니, 나이든 사람들까지 뼈의 강도와 근육량이 늘었다는 거죠.[4] 이것은 몸짱에 도전하는 것은 젊은이들의 전유물이 아니라는 뜻이고, 최근 공원길 운동기구를 이용하는 어르신들이 늘고 있는 이유이기도 할 겁니다.

힘이 뼈에 미치는 영향은 입속에서도 확인됩니다. 다음 페이지의 두개골 사진은 치아가 있는 경우와 없는 경우의 모습을 드라마틱하게 보여줍니다. 이가 전혀 없는 오른쪽 사진(B)을 왼쪽 사진(A)과 비교해보면, 이뿐만 아니라 잇몸뼈도 없습니다. "이 없으면 잇몸으로 산다"는 말을 무색하게 하는 사진이죠. 이가 없으면 잇몸뼈도 없어지고 잇몸도 없어집니다.

이가 없어 틀니를 낀 시간이 길수록 턱뼈는 쪼그라들고 뼈도 물러집니다. 임플란트를 시술하는 진료실에서 늘 관찰하는 모습이죠. 이유는 간단합니다. 우리가 음식을 씹으면 그 힘이 뼈의 내부로 전달되는데, 이가 없으면 전달되는 힘도 없어지기 때문입니다. 힘이 턱뼈로 전달되지 않으니 뼈의 양도 대폭 줄어들고 강도도 약해지죠.

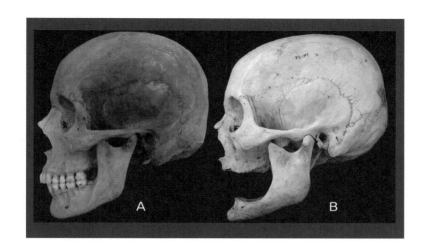

그래도 다행인 점은 임플란트를 하게 되면 이 과정이 일정 정도 방어된다는 것입니다. 턱뼈 내부에 뿌리 박은 임플란트가 씹는 힘을 뼈 안으로 전달하니까요. 그만큼 뼈와 힘은 관계가 깊다는 얘기입니다.

뼈에 미치는 힘의 영향은 나이 들어서도 근육운동이 중요하다는 것을 보여줍니다. 근육을 이용해 힘을 쓰는 것은 비단 근육뿐만 아니라 근육이 감싸고 있는 뼈에까지 영향을 미쳐 뼈의 모양과 강도를 유지하게 하니까요. 나이 들면서 많은 분들이 서서히 빠지는 근육과 뼈를 걱정하는데, 원래 그런 것이라며 내버려둘 일이 아닙니다. 골다공증이나 근육수축은 근육과 뼈를 보다 의식적으로 쓰지 않아서 나타나는 퇴행성 변화일 수 있습니다. 장기 간 입원해서 오래 누워 있었던 환자들이나, 우주선을 타고 중력이 가해지지 않는 우주공간을 여행하고 온 우주인들에게 나타나는 비사용 위축disuse atropy일 수 있다는 것이죠. 이에 대해서는 3장(4. 노화를 늦추는 약, 운동)에서 더 자세히 살펴보겠습니다.

## 약으로 노화에 맞선다고요?

운동으로 일정 정도 노화를 방어할 수 있다고는 해도 나이가 들면 신체 기능이 조금씩 떨어지는 것은 피할 수 없습니다. 우리 몸의 대사능력도 떨어지는데, 그래서 가장 조심해야 할 것이 바로 약이에요. 모든 약은 부작용과 내성을 동반하니까요. 특히 나이 들수록 더 많은 약을 투여하는 다제약복용은 매우 우려스러운 일이 아닐 수 없습니다.

약복용이, 특히 다제약복용이 몸을 더 쇠약하게 할 수 있다는 보고는 계속 나오고 있습니다. 예를 들어, 베를린 거주 노인 1,502명을 살펴보았더니, 다제약복용자들은 근육양이나 활동성이 줄고 근육의 힘도 약했으며 근육위축증sarcopenia에 더 많이 노출되었습니다. 활력 면에서도 더 빨리 지치는 경향이 있었고요.[5] 이런 관계를 밝힌 논문들을 총괄적으로 정리한 리뷰 논문 역시 다제약복용과 육체적 쇠약의 상관관계를 드러내 보여줍니다.[6]

이것은 동물실험에서도 확인됩니다.[7] 건강한 젊은 쥐와 나이든 쥐를 각각 두 그룹으로 나누고, 한 그룹에는 보통의 사료를, 다른 한 그룹에는 고지혈증 약이나 역류성 식도염 약처럼 최근 인간 사회에서 급증하는 약을 탄 사료를 먹였습니다. 그리고 2주 후에 근육 운동과 그 힘을 측정해보았죠. 결과는 우리 예상을 빗나가지 않았는데, 흥미로운 것은 나이든 쥐들에게서 더 뚜렷한 변화가 나타났다는 것입니다. 인간의 쇠약 정도를 측정할 때 사용하는 것이 악력인데, 이를 모방한 것으로 보이는 쥐의 앞발 힘 테스트에서 약을 먹은 쥐들이 훨씬 더 힘이 약해졌다는 거죠. 동작도 활발하지 못했습니다. 이런 결과는 다제약복용이 근육위축증과 쇠약의 원인일 수 있다는 것이죠. 어찌 보면 당연한 것이 아닐까 합니다. 약은 우리 몸의 정상적인 생체반응을 차단하는 것이니까요.

다시 뼈 얘기를 하자면, 골다공증에 흔히 처방되는 약들에 대한 걱정도 오래전부터 있어 왔습니다. 식도암을 유발할 수 있다거나 턱뼈를 썩게 할 수 있다는 지적도 있습니다. 턱뼈와 관련한 지적은 치과에서 특히 조심스러운 부분이죠. 골다공증 약이 다른 뼈가 아니라 유독 턱뼈만 썩게 하는지에 대해선 명확한 해석이 없지만, 골다공증 약이 정상적인 생명과정을 차단하는 과정에 근본이 닿아 있다는 것만은 분명합니다. 시판되는 골다공증 약의 원리는 우리 몸에서 정상적인 골 교체과정에 참여하는 한 세트의 세포(62페이지) 가운데 파골세포가 만들어지지 않게 하거나 활동력을 약하게 하는 것이니까요. 정상적인 과정이 차단되니 우리 몸은 이것을 비상 상황으로 받아들이게 되고 그래서 어딘가로 문제가 터져 나오게 되는데, 그 분출구가 입안일 수 있다는 거죠.

그럼 골다공증에 대해서는 어떻게 대처해야 할까요? 가장 중요한 것은, 지금까지 우리가 살펴본 것처럼 운동입니다. 먹는 것도 중요하겠지요. 실제 우리 주위에서 흔히 먹는 된장의 고초균이 골다공증에 효과를 보인다는 연구도 참고해볼 만합니다.[8] (음식과 관련된 내용 역시 3장에서 자세히 알아보겠습니다.)

현대 의과학은 노화 자체를 질병화하려 합니다. 대표적인 주장은 앞에서 얘기했듯이 노화를 염증으로 보고 약을 투여하자는 발상입니다. 하지만 저에게 이것은, 신영복 선생의 비유대로, 태산 앞에 호미 한 자루 들고 서 있는 모습처럼 왜소해 보입니다. 수십 억 년 동안 헤쳐온 지난한 생명진화의 역사나 하느님의 창조물을 20세기라는 한 세기 동안 쌓아온 얄팍한 지식으로 해체해보려는 시도일 수

있으니까요. 우리 몸의 생명현상, 노화는 긴 우주의 법칙과 맥이 닿아 있습니다. 그래서 좀더 길고 포괄적인 시선이 필요하죠. 무엇보다 소중한 우리 몸에 대해서 말입니다.

# 4. 노화의 여러 특질과 염증,
   그리고 적절한 위생

나이가 들면서 어떨 때는 조금씩, 어떨 때는 갑자기 많은 것이 바뀝니다. 아마도 저와 같은 50대 남성이 가장 흔히 느끼는 변화는 피로감이 아닐까 합니다. 저 역시 술이 좀 과했다 싶으면, 40대까지만 해도 평소와 별반 다르지 않았으나 50대에 들어서면서는 하루하루 피로감이 더해갑니다. 우리 몸 안의 여러 생명에너지가 줄고, 그래서 앞서 말씀드린 엔트로피 증가를 역행할 만한 힘이 달리기 때문일 겁니다.

　그럼 좀더 구체적으로 나이 들면서 일어나는 여러 현상과 특질을 세포 단위, 우리 몸이라는 유기체 단위, 우리 몸과 미생물의 통합체인 통생체 단위로 나누어 살펴보겠습니다. 또 통생명체 수준으로 보면 앞에서 말한 염증의 의미가 다시 부각되는데, 염증의 의미를 다시 한번 되새기고 그에 대비하는 적절한 위생에 대해서도 말씀드리겠습니다.

**세포 단위로 보는 노화**

먼저 다음 페이지의 그림을 보실까요? 노화의 9가지 특질을 보여주는 그림입니다.[1] 익숙하지 않은 단어일 수도 있지만, 9가지 모두를 맨 위부터 시작해 시계방향으로 서술해보면 이렇습니다.

유전자의 불안정
짧아지는 텔로미어
후성유전학적 변화
세포 내 단백질 항상성의 소실
영양감각의 불균형
미토콘드리아 기능 약화

# 노화의 9가지 특질

- 세포간 소통능력의 변화
- 유전자의 불안전
- 줄기세포의 소실
- 짧아지는 텔로미어
- 길어진 염색분체세포
- 후성유전학적 변화
- 미토콘드리아 기능 악화
- 세포 내 단백질 항상성의 소실
- 영양감각의 불균형

과학자가 아닌 우리 같은 일반인들에게 이런 것들은
상식 이상의 의미가 되기는 어렵습니다.
세포 단위와 우리 몸 단위는 차원이 다르기 때문입니다.
77페이지 그림으로 가보세요.

세포분열 능력의 감퇴

줄기세포의 소실

세포간 소통능력의 변화

이 그림이 실린 논문은 2013년에 발표된 것인데, 제가 이 글을 쓰고 있는 현재(2020. 7. 17) 다른 논문에서 인용한 횟수가 5,972회에 이릅니다. 다른 논문에 비해 어마어마하게 많은 수치인데요, 그만큼 다른 과학자들의 관심이 크다는 얘기일 겁니다. 과학자들이 이 특질들에 관심을 보이는 이유는 그 하나하나에 대한 해결책을 찾고자 함일 것이고요. 예를 들어, '짧아지는 텔로미어telomere'에 대해서는 텔로미어가 짧아지지 않게 하거나 짧아진 텔로미어를 보충해주는 효소인 텔로머레이스telomerase를 통해 노화를 극복해보자는 야망을 갖는 것이죠. 실제로 한 과학자는 텔로머레이스를 통해 항노화 전략을 수립해보자고 제안하기도 했습니다.[2]

저는 이런 세포 속 특질들이 과학자가 아닌 사람들에게는 상식적인 것 이상의 의미는 없다고 생각합니다. 실제 우리 몸에 적용해볼 수는 없다는 것이죠. 예를 들어, 제가 항노화를 위해 텔로머레이스를 먹는다고 해도 그것이 실험실에서와 같은 효과를 내지 못하거나 낸다고 하더라도 다른 부작용을 가져올 가능성이 크다는 겁니다. 또 설사 독성 없이 텔로미어의 길이가 짧아지는 것을 방어했다손치더라도, 실제 몸 전체의 노화가 방지되었는지는 알지 못할 가능성이 크죠.

왜냐하면 우리 몸은 거대 유기체organism이기 때문입니다. 세포와는 다른 존재이죠. 과학에서는 이를 창발성emergence이라고 부릅니다. 창발성은 정확히, "소립자 → 원자 → 분자 → 세포 → 조직 → 기관 → 유기체 → 생태계 → 우주"로 물질이 서로 조합하면서 단위가 커갈수록 그 전과는 전혀 다른 특질들이 나타난다는 것입니다. 탄소, 산소, 수소라는 원자들이 모여 만들어진 탄수화물, 지방, 단백질 같은 분자들이 원자들과는 전혀 다른 특질을 보이는 것처럼, 하나의 세포와 100조 개의 세포가 모인 우리 몸은 전혀 다른 특질을 보인다는 거죠.

하지만 지금의 과학과 의학은 저런 분자적 (혹은 부분적) 현상과 우리 몸 전체의 현상을 치환하는 경향이 있습니다. 이런 경향은 현재 생명과학을 주도하고 있는 분자생물학에서 특히 강하게 나타납니다. 철학에서는 이를 모든 것을 쪼개어 보려 한다는 의미에서 환원주의reductionism라고 부릅니다. 다시 텔로미어를 예로 든다면, 텔로미어와 텔로머레이스로 노화 전체가 설명된 듯한 들뜸, 혹은 그것을 서둘러 인체에 적용해보려는 섣부름 같은 것은 일단 경계해야 합니다. 저는 이럴 때마다 늘 20세기의 위대한 생물학자 칼 워즈 (1928~2012)의 말을 떠올립니다.

# 우리 몸을 이해하는 키워드, 창발성

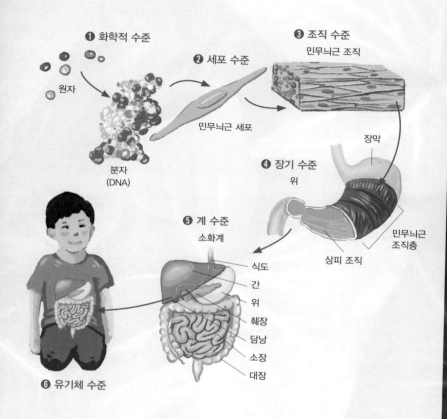

❶ 화학적 수준

원자

❷ 세포 수준

민무늬근 세포

분자
(DNA)

❸ 조직 수준

민무늬근 조직

장막

❹ 장기 수준

위

상피 조직

민무늬근
조직층

❺ 계 수준

소화계

식도
간
위
췌장
담낭
소장
대장

❻ 유기체 수준

우리 몸은 거대 유기체입니다.
원자와 분자 같은 화학적 수준과 세포 수준, 나아가 조직 수준이나 기관 수준으로는
우리 몸의 특질을 전부 다 이해할 수는 없습니다.
탄소, 산소, 수소라는 원자들이 모여 만들어진 탄수화물, 지방, 단백질 같은 분자들이
원자들과는 전혀 다른 특질을 보이는 것처럼.
하나의 세포와 100조 개의 세포가 모인 우리 몸은 전혀 다른 특질을 보이죠.
과학에서는 이를 창발성(emergence)이라고 부릅니다.

21세기에 들어선 오늘날 분자생물학의 비전은 수명을 다했다. 이제는 계속해서 잘라가는 환원주의자들의 분자적 시선을 극복하고, 눈을 들어 살아 있는 세계의 전체적인 모습에 주목해야 한다. 그래야 생명의 진화, 창발성, 복잡성에 접근할 수 있다.

**우리 몸 단위로 보는 노화**

앞에서도 말했듯이, 세포와 우리 몸은 다릅니다. 어머니의 난자와 아버지의 정자가 만나 생긴 세포 하나짜리 수정란은 세포 분열을 거듭해 "나"라는 존재를 만듭니다. 우리 몸을 이루는 100조에 이르는 세포들은 아무런 통제 없이도 태아 단계부터 서로 신호를 주고받으며 각자의 역할로 분화되는 거죠. 창발성이 발현되는 겁니다. 지금도 우리 몸은 아무런 의식적 통제 없이 숨을 쉬고 심장이 뛰고, 우리가 보고 듣게 합니다. 20세기 급격히 발달한 과학도 여전히 해석하지 못하는 생명의 신비이죠.

그렇게 고도로 조직화된 세포와 그를 기반으

로 더욱 조직화된 우리 몸은 우주의 법칙인 엔트로피 증가를 이기며 우리 몸의 정체성을 유지합니다. 하지만 시간이 지나면서 점차 우리 몸은 우주의 법칙으로 돌아갈 준비를 합니다. 노화가 시작되는 거죠.

하지만 노화의 속도는 다릅니다. 모든 개인이 다 같은 속도로 노화를 맞는 것이 아니죠. 어린 시절 친구들을 오랜만에 만나면 느끼게 되는 사실이기도 합니다. 또 우리 몸의 조직과 기관들 역시 노화 속도가 다릅니다. 모든 기관과 조직이 동시적으로 혹은 같은 속도로 노화를 맞는 것은 아니라는 말입니다. 저의 경우 탈모가 진행되어 두피의 노화는 빠르게 일어나고 있지만, 골밀도 수치를 보면 뼈의 상태는 20대의 평균보다 더 젊음을 유지하고 있습니다.

개개인의 노화 속도가 다른 것을 과학자와 의사들은 노화의 차수level로 분류해 설명합니다. 1차 노화primary aging와 2차 노화secondary aging로 말이죠. 1차 노화는 모든 개인, 모든 생명체가 피해갈 수 없는 노화를 말합니다. 앞서 살펴본 것처럼 세포 속 노화가 진행되는 것 자체는 막을 수 없는 우주의 법칙인 것처럼, 모든 개인이 나이를 먹은 것 자체는 막을 수 없죠. 그래서 이 영역은 인간의 영역, 과학과 의학의 영역이 아닙니다. 신의 영역, 시간의 영역이겠지요.

그에 비해 2차 노화는 개개인에게서 다른 속도로 진행되는 노화를 말합니다. 이런 차이는 왜 만들어지는 걸까요? 구체적인 원인으로 좋지 않은 음식, 운동 부족, 흡연과 과다한 음주 등 우리가 늘 들어온 생활습관이 거론됩니다.[3] 당연한 일이겠죠.

이에 더해 최근에는 2차 노화를 가속화하는 중요한 이유로 염증 inflammation이 거론됩니다.[4] 원래 염증은 벌겋게 붓고 아프고 열이 나고 기능이 손상되는 것을 가리키는 말이었습니다. 이런 염증을 요즘은 급성염증이라고 하는데요, 2000년 전부터 관찰된 기록이 있습니다. 그런데 최근 들어서는 이런 증상 없이도 우리 몸 곳곳에 낮은 정도의 만성적인 염증이 있을 수 있다는 것이 밝혀졌고, 그런 저강도 만성염증low grade chronic inflammation이 여러 질병의 원인이 될 수 있다는 인식이 힘을 얻고 있습니다. 20세기까지 인간의 건강과 질병에서

급성염증과 만성염증의 비교

|  | 급성염증(acute inflammation) | 만성염증(chronic inflammation) |
|---|---|---|
| 증상 | 벌겋게 붓고 아프고 고름이 나옴.<br>(짧은 시간) | 증상 거의 없음. (긴 시간) |
| 진단 | 눈으로 보면 알 수 있음.<br>필요하면, 엑스레이, 세균검사 | 바이오마커 검사<br>(염증성 사이토카인, C반응성단백 시험) |
| 예 | 감기, 폐렴, 장염, 급성 잇몸병… | 고혈압, 당뇨, 고지혈증, 암, 노화 등의<br>잠재원인, 대부분의 치주질환… |
| 원인 | 미생물 | 생활습관 (음식, 위생, 스트레스…) |
| 태도 | 치료 | 예방 |
| 해결 | 약 (항생제, 항염제…) | 약? 음식과 생활습관! |
| 시기 | ~ 20세기 중 후반 | 20세기 후반 ~ 21세기 |

가장 중요한 문제였던 급성염증과, 21세기 들어 가장 중요한 문제로 떠오르고 있는 만성염증을 비교하면 아래 표와 같습니다.

이렇게 우리 몸 곳곳에 영향을 미치는 염증은 노화의 속도에도 영향을 미칠 수 있습니다. 이 또한 당연한 일이겠죠. 100세인들을 관찰한 일본의 한 연구는 그 사례를 보여줍니다.[5] 851명의 100세인들과 167쌍의 100세인의 자손과 배우자들, 536명의 80~90대 노인들을 대상으로 10년 정도 관찰한 연구입니다. 구체적으로 염증지수와 텔로미어telomere 길이, 간과 신장기능 등을 포함해 여러 가지를 추적 관찰해서 그동안 사망하신 분들의 사망요인 가운데 무엇이 가장 중요한 요인인가를 살펴본 것이죠. 결론은 이런 변수들 중에서 염증지수가 가장 중요한 사망위험all cause of mortality이라는 겁니다. 다음으로는 인지기능cognitive function이었고요. 텔로미어도 중요한 요소이긴 했지만, 염증이나 인지기능만큼 수명을 예측하는 데 유효한 변수는 아니었습니다. 한마디로 말해, 텔로미어보다는 염증이 노인들의 성공적 노화를 예측하는 데 더 유용할 수 있고, 따라서 나이 먹을수록 몸의 염증관리가 중요하다는 거겠죠.

제가 일과의 대부분을 보내는 진료실에서도 염증이 노화를 촉진시킬 수 있다는 느낌을 받습니다. 잇몸질환은 우리 몸에 일어나는 대표적인 염증이니까요. 잇몸병은 우리 인간이 겪는 가장 흔한 염증이고, 그래서 우리나라 건강보험공단의 외래진료 가운데 가장 많은 진료비를 지출하는 상병이기도 합니다. 급성으로 나타나기도 하고 만성으로 나타나기도 하는 잇몸병이 심한 환자들의 경우, 동년배보다 얼굴에 주름이 더 많습니다. 그리고 그런 분들의 잇몸병을 치료하고 나면, 또 잇몸병이 심해 도저히 살릴 수 없는 경우에 치아를 발치하고 임플란트를 시술하고 나면, 그분들의 얼굴이 달라지는 경험도 늘 합니다. 얼굴이 펴지고 눈이 부리부리해지고, 전체적으로 밝은 기운이 돕니다. 자신감을 되찾은 듯한 모습이죠.

실제로 한 동물연구는 잇몸병이 노화에 따른 알츠하이머를 훨씬 더 악화시킬 수 있음을 보여주기도 합니다.[6]

**우리 몸 각 부분의 노화 속도**

말씀드렸듯 제 경우 탈모는 진행되고 있지만 뼈는 20대 못지않은 젊음을 유지하고 있습니다. 우리 몸의 각 부분이 같은 속도로 노화가 진행되는 것은 아니라는 거죠. 실제 인체 각 부분의 노화 속도를 도식화해서 보여주는 논문도 있습니다.[7] 가장 확실한 변화를 보이는 것은 폐경과 함께 감퇴되는 여성의 생식 능력입니다. 그 글에 따르면, 노화가 진행되는 순서는 대략 이렇습니다. 생식기능 → (심폐기능, 내분비기능, 신장기능) → 신경 → 근골격계 → 소화관 순입니다.

물론 이것은 평균적으로 그렇다는 얘기일 뿐, 여기에도 개인 차는 있습니다. 저의 경우, 어렸을 적부터 소화와 변비로 고생을 해서 이 문제가 가장 걱정됩니다. 반대로 늘 산행을 즐기는 터라 심폐기능이나 근골격계의 노화는 좀 늦출 수 있지 않을까 기대하고 있죠. 이 모든 것의 종합판인 수명은 인명재천이겠지만요.

주목해야 할 것은 이들 가운데 우리가 의식적으로 노력할 수 있는 것이 있고, 할 수 없는 것이 있다는 것입니다. 생식기능이나 뇌기능, 호르몬 같은 것은 우리가 의식적으로 노력해도 직접 접근하는 것이 불가능하죠. 다만 음식이나 운동 등을 통해 간접적으로 영향을 줄 수는 있을 겁니다. 반대로 쉽게 접근할 수 있는 것은 심폐기능과 뼈, 근육, 소화관 등입니다. 이런 것은 운동과 음식을 통해 직접 영향을 줄 수 있는 영역이죠. 이것이 건강 노화에서 운동과 음식이 강조되는 이유이기도 합니다.

생각해 보면 당연한 이야기죠. 우리가 의식적으로 접근할 수 있는 영역이든 그렇지 않은 영역이든, 그것을 위해 우리가 할 수 있는 일

# 인체 각 기관의 기능 감퇴 (여성의 경우)

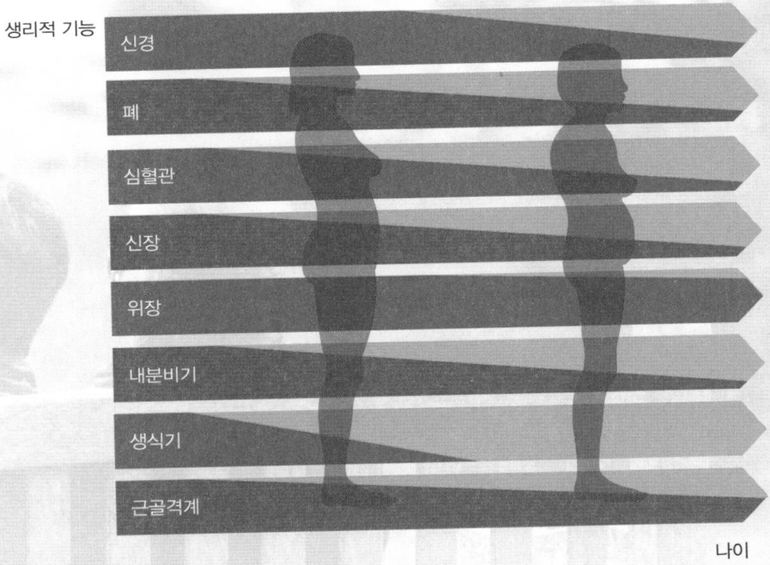

생리적 기능

| 신경 |
| 폐 |
| 심혈관 |
| 신장 |
| 위장 |
| 내분비기 |
| 생식기 |
| 근골격계 |

나이

우리 몸의 각 부분의 노화 속도는 다릅니다.
실제 인체 각 부분의 노화 속도를 도식화해 보면,
생식기능 → (심폐기능, 내분비기능, 신장기능)
→ 신경 → 근골격계 → 소화관 순으로 노화가 진행됩니다.
가장 확실한 변화를 보이는 것은
폐경과 함께 감퇴되는 여성의 생식 능력입니다.

은 뻔합니다. 바로 운동과 음식이죠. 하나를 덧붙이자면, 약은 급할 때 최소한으로 사용하는 것이고요.

**통생명 단위로 보는 노화**

나무에서 떨어진 사과는 조금씩 해체되어 가다가 결국엔 완전히 썩어 자연으로 돌아갑니다. 그 과정을 현미경으로 들여다본다면 어떨까요? 사과라는 거대 유기체를 열심히 해체하는 미생물들을 보게 되겠죠. 미생물은 저런 유기체의 유기물을 해체해 자신도 먹고 살고 이웃 미생물도 돕습니다. 그리고 결과적으로 유기체가 자연으로 돌아가게 해서 또 다른 생명인 흙 속의 미생물이나 식물이 먹고 살게 해줍니다. 생태의 순환이죠.

그럼 사과를 해체하는 세균이나 효모 같은 미생물은 어디서 왔을까요? 사과가 떨어진 곳의 흙이나 주위 풀잎 혹은 공기에서 올 수도 있지만, 더 많은 것은 원래 사과에 붙어 있던 녀석들입니다. 사과를 포함한 모든 식물체는 애당초 뿌리 주위 흙 속에 있는 미생물의 도움 없이는 살아갈 수 없고, 줄기나 잎, 과실 모든 곳에 언제나 미생물이 살면서 식물과 상호작용하고 있으니까요. 그렇게 미생물이 붙어 있지만, 식물은 그 자체의 생명에너지로 미생물과 적절한 균형을 유지하며 살아갑니다. 그러나 나무에서 떨어져 나온 사과는 더 이상 나무줄기를 통한 영양공급을 받을 수 없어요. 이렇게 약해진 사과의 생명에너지를 이기며 함께 살던 미생물이 사과를 해체하기 시작하는 것이고요.

이것은 인간이 죽은 후 모습과 별반 다르지 않습니다. 인간을 포함한 모든 동물의 몸 역시 죽은 후 썩습니다. 해체되어 자연으로 돌아가는 과정이지요. 그리고 그 해체의 주역은 원래 인간의 몸에 살던 미생물들입니다.

우리 몸은 거대 생명체입니다. 나아가 우리 몸을 서식처 삼아 살아가는 수많은 생명체, 거의 100조에 이른다는 미생물들과의 통합체입니다. 이를 과학자들은 통생명체holobiont라는 말로 함축합니다.[8] 통생명체 안에서 우리 몸과 미생물은 우리가 살아 있는 동안 적절한 균형과 긴장과 타협으로 평형을 유지하다가, 나무에서 떨어진 사과처럼 생명에너지가 다하면 미생물이 우리 몸을 빠르게 해체하기 시작합니다.

그럼 이런 관계와 과정을 염두에 두면서 생각해볼까요? 통생명체인 우리 몸이 점차 나이 들어가는 과정을 어떻게 바라볼 수 있을까요? 호모 사피엔스인 우리 몸의 생명에너지가 우리 몸에 사는 미생물과의 관계에서 점차 밀려나는 과정이라고 할 수 있습니다. 구체적으로 볼까요?

우리 몸의 생명에너지를 품고 있는 모든 세포는, '세포 단위로 보는 노화'(73페이지)에서 살펴본 것처럼 9가지 특질을 보이며 노화가 진행됩니다. 한마디로 우리 몸을 이루는 모든 세포의 힘이 약해진다는 겁니다. 그럼 우리 몸과 평형을 이루던 미생물에 대한 방어력도 당연히 약해지죠.

이에 비해 우리 몸에 살고 있는 미생물들은 젊음을 잃지 않습니다. 우리 몸 미생물의 대표격인 세균으로 보자면, 세균은 주위 조건만 좋다면 끊임없이 세포분열을 하면서 스스로를 재생산합니다. 게다가 재생산하더라도 세포의 노화cell senescence가 거의 진행되지 않거나 최소한 인간의 세포보다 노화 속도가 매우 늦습니다.[9] 또 우리 몸에 사는 미생물들은 우리 몸에 고정되어 있는 것이 아닙니다. 안팎을 끊임없이 오가며 생명력이 살아 있는 세포들로 무장해 우리 몸을 채웁니다.

우리 몸은 점차 노화가 진행되는 호모 사피엔스 세포와 계속 젊음을 유지하는 세균 세포가 함께 통생명체를 이루고 있습니다. 시간이 지날수록 점차 우리 몸이 미생물에 밀릴 수밖에 없죠. 미생물과 공존하는 통생명체의 관점에서 보면, 노화는 그렇게 이루어집니다.

염증과 위생

이렇게 통생명 단위로 노화를 보면, 2차 노화를 가속화하는 중요한 이유인 염증의 의미를 다시 생각하게 됩니다. 염증은 다름 아닌 우리 몸과 미생물의 적절한 긴장관계가 깨질 때 생기는 현상일 테니까요. 또 저강도 만성염증(80페이지 참고)이란 통생명체 안에서 점차 노쇠해가는 우리 몸 세포가 젊음을 유지하는 세균 세포에 밀리면서 불가피하게 나타나는 현상일 수 있습니다.

　나이 들면 저강도 만성염증이 일반적으로 겪는 것이라면, 어떻게 해야 할까요? 가장 먼저 손쉽게 떠올리는 것은 약일 것입니다. 하지만 저강도 만성염증을 약으로 대하는 것은 금물입니다. 약이란 늘 부작용을 동반하니까요. 앞에서 살펴본 대로, 대표적인 항염제인 아스피린이 오히려 암 발생을 높일 수 있다는 경고도 있으니까요. 또 건강하게 100세까지 살고 있는 백세인들의 혈액에도 염증을 의미하는 여러 분자들의 수치가 높게 나타나는 것으로 보아, 저강도 만성염증이 꼭 나쁜 것만은 아닐 수 있습니다.[10] 저강도 만성염증은 미생물과의 공존을 통해서만 생명을 영위할 수 있는 인간에게 불가피하게 나타나는 현상이고, 그 자체가 우리 몸이 노화에 적응해가는 과정일 수 있으니까요. 그래서 저는 노화를 염증으로 보기보다는, 이마저도 최적화를 찾아가는 생명활동으로 바라보는 것이 맞다고 여깁니다. 노화란 모든 생명이 평생에 걸쳐 겪는 최적화 과정lifelong adaptive process이라는 겁니다.[11]

그렇다고 해서 염증이 계속 증가하는 것을 그대로 두고 보아서는 안 됩니다. 우리가 의식적으로 개입하지 못하는 곳에서 우리 몸이 노화에 적응하면서 최적화를 찾아가는 동안, 염증 정도를 낮추기 위해 우리가 의식적으로 할 수 있는 활동이 있습니다. 바로 적절한 위생활동이죠. 위생이란 한마디로 "우리 몸의 미생물 부담microbial burden을 줄여서 우리 몸의 생명력(면역력)이 감당할 수 있는 정도로 유지하려는 행위"입니다. 나이 들면서 여전히 젊음을 유지하는 미생물을 상대해야 하는 우리 몸 입장에서는 위생이 점점 중요해질 수밖에 없습니다.

물론 미생물을 박멸하자는 것은 아닙니다. 우리 몸이 통생명체라는 것을 생각한다면, 그건 할 수도 없고 해서도 안 되는 일이죠. 그래서 '적절한 위생'이 중요합니다. 다행히 21세기 들어 '위생'의 의미가 달라지고 있습니다. 미생물이나 세균이 질병을 일으키는 원인이고 그래서 박멸의 대상이라는 인식에서, 미생물과의 적절한 균형 역시 중요하다는 인식으로 바뀌고 있으니까요. 박멸의 자세로 미생물을 대하면 우리 몸은 오히려 면역이 약해지고 맙니다. 그러면 결과적으로 질병에 더 취약할 수 있으며, 과한 항생제 덕에 수명이 단축될 수 있죠.

적절한 위생을 위해 제가 가장 중요하다고 생각하는 바는 크게 세 가지입니다.


① 변비 조심
② 잇몸병 조심
③ 세정제를 최소한으로 사용하는 샤워


이를 이해하려면 우리 몸의 구조를 떠올려볼 필요가 있어요. 소화관을 중심으로 보면 우리 몸은 뻥 뚫린 튜브와 같습니다. 그렇게 뻥 뚫린 튜브의 바깥 면인 피부는 당연하고 안쪽 면인 소화관에도 많은 미생물들이 살고 있습니다. 이것이 미생물 연구가 활발해지면서 가장 주목받는 것이 장내 세균, 구강 세균, 피부 세균인 이유이기도 합니다. 공기나 외부 환경에 늘 맞닿아 있는 피부나 음식과 함께 늘 세균이 오가는 소화관, 특히 대장에 세균이 많이 살 수밖에 없을 테니까요.

이것이 소화기나 호흡기에 병이 많이 생기는 이유이기도 합니다. 매년 건강보험공단에서 발표하는 다빈도 상병(병원을 많이 가게 하는 이유)에서 입원환자와 외래환자 모두 상위를 차지하는 것이 모두 저 뻥 뚫린 소화기와 호흡기에서 일어나는 질병입니다. 미생물과 평형을 이루며 공존하는 우리 몸이 이런저런 사유로 미생물에게 밀리면서 질병이 생기는 거죠.

이렇게 보면 대장 속에 있는 변이나 입안의 플라크, 피부에 붙은

우리 몸은 단순하게 보면 뻥 뚫린 튜브와 같습니다.
미생물 입장에서 보면
튜브 안쪽인 소화기관, 호흡기관, 요로 · 생식기관도
바깥면인 피부와 다르지 않습니다.

더러운 물질은 모두 비슷한 문제일 수 있습니다. 모두 미생물 덩어리들인 거죠. 그래서 전 자주 이렇게 얘기합니다. "3일간 변을 보지 않은 것은, 3일간 이를 닦지 않은 것이나 3일간 샤워를 하지 않는 것보다 훨씬 더 비위생적인 것입니다." 우리 변에서 거의 30%가량을 차지하는 것이 대장에 있던 세균의 사체인데, 그렇게 우리 몸에서 빠져나와야 할 대장 세균들이 변을 보지 않으면 우리 몸에 남게 되니까요. 그러면 입안의 플라크나 오염된 피부와 달리 우리 눈에는 보이지 않지만 우리 몸에 훨씬 더 큰 미생물 부담을 주게 된다는 것입니다.

그래서 '적절한 위생'을 위해서는 음식과 생활습관에 주의를 기울여야 합니다. 대표적으로 변비는 절대 약으로만 해결할 수 없다는 것을 우리는 모두 압니다. 식이섬유가 많은 음식, 운동 등이 없으면 해결 불가능하지요. 또 하나 제가 적정선을 넘었다고 생각하는 것은 과한 세정제의 사용입니다. 세정제의 핵심 성분인 계면활성제는 우리 피부와 입안의 상주세균은 없애니까요.

결론적으로 '건강수명 100년'에서 가장 먼저 기억해야 할 핵심은 건강한 위생활동입니다. 이 외에 제가 생각하는 건강수명 100년의 키워드는 음식, 운동, 공부입니다. 다음 장부터는 나머지 얘기를 해보려 합니다.

## 계면활성제

계면활성제는 말 그대로 맞붙은 두 면(계면)을 활성화해서 떼어내는 것입니다. 옷에 때가 묻었을 때 옷과 때라는 두 면을 활성화시켜 떼어내죠. 이 두 계면이 활성화되면서 나오는 것이 거품이고요. 계면활성제는 우리 피부를 보호하는 정상적인 각질층을 벗겨내고, 거기에 살고 있는 정상 세균들을 씻어냅니다. 몸을 깨끗이 씻어내는 정도에서 그치지 않고 상주세균까지 없앨 수 있죠. 물론 오랫동안 몸을 씻지 못했다면 계면활성제의 도움을 받아야 하지만요. 계면활성제를 매일 쓰면 우리 피부에 또 다른 부담을 주게 됩니다. 화학물질에 대한 부담은 미생물 부담 못지않습니다. 결과적으로 우리 피부는 건조해지고 자극에 예민해지죠. - ≪미생물과의 공존≫에서 요약 정리

# 건강수명 100세를 위하여

# 1. 음식이 약이 되게

**이런 식단
어떠신가요?**

봄기운이 시작될 때부터 저는 산에 갈 때면 도
시락을 싸갑니다. 보온병에 따뜻한 물을 받고
보온도시락에 현미밥을 담습니다. 우엉조림과
고추멸치볶음을 넣고 물김치도 따로 챙깁니다.
백운대를 지나 북한산 대피소에서 점심 먹을 생
각을 하면 벌써 군침이 돕니다. 진료가 있는 날
에는 구내식당에서 점심식사를 하는데, 식판에
음식을 담을 때 염두에 두는 게 있습니다. 가급
적 현미밥과 김치, 나물 종류를 먼저 챙깁니다.

그런 다음에는 고기든 생선이든 먹고 싶은 대로 담습니다. 간헐적 단식의 형태로 아침은 건너뛰고 점심과 저녁, 하루 두 끼만 먹는 저에게 식판에 담긴 이런 음식들이 어느 호텔 뷔페도 부럽지 않은 성찬으로 다가옵니다.

역사적으로 보면 건강에 좋은 음식, 그래서 장수를 위한 음식을 찾는 인간의 욕망은 오래되었습니다. 바빌로니아에서는 5000년 전에 영웅 길가메시Gilgamesh가 젊음의 샘을 찾아나섰다는 설화가 있고, 중국에서는 진시황(BC 259 ~ BC 210)이 불로초를 찾아오라고 사람들을 보냈다는 유명한 이야기가 있죠. 우리나라 ≪동의보감≫에도 장수를 위한 양생법을 중요한 주제 중 하나로 다룹니다.

지금도 장수음식이라고 주장하는 수많은 식단이 있습니다. 그 중에서도 대표적인 것은 아마도 지중해식 식단Mediterranean diet일 겁니다. 지중해식 식단은 채식을 위주로 한 여러 음식에 올리브유와 요구르트, 와인 등을 곁들이죠. 요구르트에 대한 관심은 이미 1907년 노벨상을 탔고 우리나라 요구르트 광고에도 등장했던 러시아 과학자 메치니코프로부터 시작되었습니다. 그러나 지중해식 식단 전체에 대한 관심이 높아진 것은 1980년대 즈음 미국의 영양학자들에 의해서입니다. 그리스나 이탈리아를 포함한 지중해 부근에 사는 사람들에게 미국인들이 가장 겁내는 심혈관 질환이 적은 걸 발견한 연구자들이 이들의 식단을 들여다본 거죠. 이후 지중해식 식단에 대한 수많은 연구와 실험이 쏟아져 나왔습니다. 심지어 와인에 들어 있는 레스베라트롤Resveratrol이라는 물질이 장수에 좋다는 주장까지 나왔으니까요. 최근에는 60~70대 노인들에게 지중해식 식단을 1년 동안 드시게 해보니, 장내에 우리 몸에 유익하다고 알려진 세균이 증가하고 만성염증이 개선되었다는 임상연구가 발표되기도 했습니다.[1]

제가 도시락이나 구내식당 식판에 주로 담는 음식처럼 채소와 생선류, 콩 등이 주를 이루는 지중해식 식단은 당연히 건강에 좋을 수 있습니다. 하지만 이런 식단에 이름이 붙고 유명해진 것을 보면, 뭔가 객관적일 듯한 '과학적' 연구에서도 돈과 힘의 편향이 존재함을 느낍니다. 지금은 패스트푸드가 진출해 여러 만성질환이 대폭 증가하고 있는 일본의 오키나와도 20세기 후반까지는 세계에서 손꼽히는 장수촌이었지만, 오키나와 식단은 지중해 식단만큼 유명하지 않습니다. 오히려 지리적으로든 유전적으로든 우리와 가까워 우리의

건강과 장수에 더 참조할 만할 것인데도 말이죠.[2] 또 최근 들어 우리나라 음식에 대한 국제적 관심도 높아가고 있는데, 우리 음식이 갑자기 발달했다기보다는 각 분야에서 우리나라의 위상이 세계적으로 커져가는 것이 반영된 것이겠죠. 어쨌거나 우리나라 음식에 케이팝 다이어트K POP Diet, 슈퍼푸드Superfood와 같은 찬사가 붙는 것은 기분 좋은 일입니다.

제가 들어본 식단 가운데 저와 가장 거리가 멀다고 느낀 식단은 이누이트 식단Inuit Diet이었습니다. 북극지방에 사는 이누이트들에게는 당연히 채식을 할 만한 식재료를 구할 길이 마땅찮을 테죠. 그래서 그들은 주로 물개나 순록 같은 동물의 고기로 육식을 합니다. 흥미로운 점은 그런데도 이들은 미국인들에 비해 심혈관 질환에 훨씬 덜 걸린다는 겁니다. 이미 1955년에 한 연구진이 당시엔 에스키모라고 불리던 성인 이누이트 117명의 혈압을 재어보았는데, 혈압이 높다고 할 만한 사람이 단 한 명에 불과했다고 합니다.[3] 당시 비슷

한 나이의 미국인들과 비교하면 고혈압 환자 비율이 1/10 수준이었던 거죠. 또 이들을 엑스레이로 보아도 동맥경화의 흔적을 발견할 수 없었고, 2년 동안 지켜보아도 그동안 심혈관 문제가 거의 일어나지 않았습니다. 이누이트들의 몸이 그들의 생활환경과 음식에 스스로 적응하며 진화해온 덕이겠죠. 미국인들은 이런 사실이 아무래도 이해가 안 갔을 겁니다. 자신들의 걱정거리인 심혈관 질환을 일으키는 원인이 지방이라는 콜레스테롤 가설cholesterol hypothesis을 정설로 여기고 있어, 그 프리즘으로 이누이트 식단을 보니 당연히 그랬을 테죠. 그래서 이누이트 파라독스Inuit paradox라는 말이 있을 정도입니다.

**우리에게 맞는
우리 건강식품**

지중해식 식단이나 오키나와 식단, 이누이트 식단, 혹은 케이팝 다이어트라고 불리는 우리나라 식단의 공통점은 분명합니다. 각자의 지역에서 그곳에 맞게 특수하게 진화해온 음식이라는 거죠. 다시 말해 음식, 그 중에서도 특히 건강음식이나 장수음식은 그 지역의 지리적 특성, 민족의 특성, 심지어 그곳 사람들의 유전자에까지 뿌리를 내리고 있을 것이라는 거죠. 말하자면 민족적 장수음식 ethnic food for longevity이라는 건데, 이것은 우리나라에서 오랫동안 장수 연구를 해오신 박상철 교수의 주장이기도 합니다.[4] 세계의 모든 음식, 장수음식은 각자의 오래된 문화와 전통을 바탕으로 만들어진 식단이니, 우리 역시 남의 것만 보지 말고 우리 식단을 좀더 들여다볼 필요가 있다는 조언이지요.

미생물을 연구하는 저의 입장에서 보면 이 조언은 상당히 타당해 보입니다. 세균 중에 고초균이란 게 있습니다. 학명으로는 바실루스 서브틸리스Bacillus subtilis라고 하는데요, 다름아닌 우리 된장을 만드는 세균입니다. 일본의 나또도 이 세균의 작용으로 만들어지죠. 콩을 삶아서 볏짚고초 위에 올려놓거나 그냥 공기중에 두어도 고초균이 콩에 붙어 증식합니다. 오랫동안 우리나라와 일본에서 전통 음식을 만들며 사람들과 함께 살아온 것이죠.

고초균을 주목하는 이유가 있습니다. 고초균의 건강증진 효과가 매우 좋기 때문입니다. 고혈압, 당뇨, 고지혈증을 낮추고, 골다공증을 극복하는 데에도 일정한 역할을 할 수 있습니다.[5] 현대인의 생활습관병인 만성질환을 방어하는 데 제격인 셈이죠. 심지어 고초균은 노화연구의 실험모델로 많이 쓰는 예쁜꼬마선충C. elegans의 수명을

# 박상철 교수의 장수인 모델

각 지역 사람들에게 장수음식은 그 지역에서 그곳에 맞게 특수하게 진화해온 음식입니다. 말하자면 '민족적 장수음식'인데, 이것은 우리나라에서 오랫동안 장수연구를 해오신 박상철 교수의 주장이기도 합니다. 박상철 교수는 또 장수인의 모델을 위의 그림처럼 도식화해서 정리했습니다.

50% 넘게 연장시키는 효과도 보여줍니다.[6] 우리나라나 일본 식생활에 오랫동안 쓰여온 이유가 있었던 거죠.

이렇게 보면 우리의 고초균은 유럽의 유산균하고 비슷하다는 생각이 듭니다. 낙농을 많이 하는 유럽에서 유제품을 보관하는 동안 자연스럽게 유제품을 해체하여 산을 만드는 젖산간균*Lactobacillus*이나 비피도박테리움*Bifidobacterium* 같은 유산균이 식생활에 쓰였다면, 콩과 벼를 재배하는 우리나라에는 자연스럽게 콩을 대사하는 고초균이 자리를 잡아온 거죠(아래 표 2). 각각 다른 대륙에서 그곳 민족과 함께 해온 유산균이나 고초균은 인간에게 유익한 대표적인 프로바이오틱스인데요, 고초균은 우리의 민족적 프로바이오틱스라고도 할 수 있을 듯합니다. 어떤 글에서는 일본의 나또를 식물성 치즈vegetable cheeze라고 표현하던데,[7] 저는 치즈를 동물성 된장animal doenjang이라고 하고 싶습니다.

우리의 고초균 혹은 고초균으로 만든 된장이나 청국장은 우리 몸

고초균과 유산균

| 한국 · 일본 | 유럽 |
|---|---|
| 된장, 청국장, 나또 | 치즈, 요거트 |
| 고초균 | 유산균 |

에 맞습니다. 지중해의 요거트나 이누이트의 동물성 지방산, 오키나와 식단이 그곳 민족에게 맞는 것처럼 말이죠. 이것이 제가 고기 먹을 때 쌈을 싸서 먹는 이유이기도 하고요. 실제 박상철 교수 팀이 순창과 구례 등 우리나라 장수 벨트로 알려진 곳에 살고 있는 장수인들을 만나 보니 된장을 포함한 발효음식을 많이 먹더라는 보고가 있습니다. 그리고 이런 전통 발효음식이 채식만으로 자칫 부족해지기 쉬운 비타민 $B_{12}$의 보충원이었다고 합니다.[8]

저는 끼니마다 다양한 채소를,
된장, 쌈장, 청국장과 함께 먹으려 노력합니다.
만성질환을 방어하는 데 매우 효과적인
고초균의 작용으로 만든
된장은 그 자체로도 훌륭하지만,
채식만으로는 부족하기 쉬운
비타민 $B_{12}$를 보충해주기도 합니다.

**소화 안 되는
음식과 만성질환**

음식은 자주 저를 괴롭힙니다. 실은 지금도 며칠 전에 마신 술과 자극적인 음식으로 속이 뒤집어져 있는 상태입니다. 그날 술을 몇 잔 하고 집에 갔더니 딸아이가 매운 떡볶이를 먹고 있어 유혹을 참지 못한 것입니다. 그후로 오후가 되면 위산이 계속 분비되는지 속이 쓰립니다. 며칠째 자극적 음식을 피하고 생감자 요구르트로 속을 달래고 있죠. 세상에는 맛있고 자극적인 음식이 너무도 많아 음식에 대해 늘 주의하는 저도 그 유혹에서 자유롭지는 못합니다.

제가 소화 문제에서 가능한 피하고 싶은 것은 약을 먹는 것입니다. 속쓰릴 때 제일 많이 먹는 약이 양성자펌프 억제제PPI: proton pump inhibitor 라는 건데요, 위장세포가 산을 아예 만들지 못하도록 차단하는 약입니다. 1980년대부터 개발되어 강력한 효과 덕에 엄청난 속도로 판매량이 늘었고, 내과에서 가장 많이 처방되는 약 가운데 하나이죠. 이 약을 먹으면 그 강력한 효과로 인해 바로 속쓰림이 없어지긴 하지만, 오래 먹으면 당연히 문제가 커집니다. 위산은 음식을 통해 우리 몸으로 들어오는 미생물을 검색해서 병적 미생물을 죽이는 역할도 하는데, 그 역할이 없어지니 외부 미생물이 더 쉽게 우리 몸에 침투합니다. 감염에 더 취약해지는 거죠.[9] 또 위장 환경이 교란되다 보니, 이 약을 오랫동안 먹은 환자들은 위암 발생율이 높습니다.[10] "약는 급할 때, 최소한으로!"라는 원칙이 이 약에도 그대로 적용된다는 말이죠.

속이 더부룩하거나 속쓰림이 있을 때, 바로 약을 찾기보다는 스스로 식습관을 점검하고 체크해야 합니다. 또 마음을 편안하게 해서 스트레스를 줄여야 하고요. 소화관 문제 대부분은 기름지고 너무 자극적인 음식을 아무 때나 (특히 저녁 늦게 야식으로) 먹고, 또 그것을 천천히 편안하게 씹어가면서 즐기기보다는 후다닥 허기를 채우기에 급급한 현대 음식문화에서 오기 때문입니다.

나아가 음식은 우리 몸의 가장 중요하고 근본적인 생화학 과정의 재료라는 사실을 기억해야 합니다. 아시다시피 우리 몸에서는 수많은 생화학 과정이 일어납니다. 우리가 생명을 이어가는 데 반드시 필요한 이 과정의 기본 재료는 다름아닌 우리가 먹는 음식과 물, 공기, 햇빛 같은 것이죠. 우리뿐만 아니라 지구상 모든 생명이 필요로 하는 것이고요. 특히 음식은 우리가 스스로의 의지로 선택할 수 있는 가장 중요한 재료입니다.

우리 몸의 생명활동 재료이므로 음식 역시 당연히 생명이어야 합니다. 고기나 생선, 나물이나 채소, 해산물, 심지어 김치를 만드는 유산균마저도 모두 생명입니다. 이들은 우리 몸과 마찬가지로 유전 자를 만드는 데 DNA라는 화학물질을 쓰고, 단백질을 만드는 데 아 미노산이라는 재료를 쓰며, 에너지도 ATP라는 물질로 보관하고, 탄 수화물을 가장 중요한 에너지원으로 씁니다. 이 모든 것이 우리 몸 과 동일하죠. 이 모든 것을 우리 인간과 미생물까지 모든 생명들이 긴 진화의 과정에서 공유하고 있습니다. 때문에 음식의 재료들이 생 명활동으로 호환되며 쓰이는 것이 가능한 것이고요.

음식은 생명이어야 한다는 말이 너무나 당연한 이야기로 들리시 나요? 그런데 현실은 그렇지 않습니다. 우리가 먹는 음식에 생명이 아닌 것들이 너무 많이 들어가죠. 가공식품의 맛과 질감의 내는 데 갈수록 많이 쓰이는 식품첨가물이나 고소하고 바삭한 맛을 내는 트 랜스지방이 대표적인 예입니다. 이들은 자연이 만든 생명이 아니라 실험실과 공장에서 공학적 과정을 거쳐 만든 것입니다. 여러 제도와 법규가 일정정도 농도 이하라는 조건을 달아 섭취의 안정성을 보장 한다지만, 이런 것들은 먹어 보면 바로 압니다. 소화가 안 되죠. 늘 음식에 주의를 기울이는 저만 해도 점심식사 후에 직원들이 슬쩍 내 미는 케이크 한 조각을 참지 못하고 먹곤 하는데, 그때마다 속이 더 부룩한 오후를 보내곤 합니다. 제 몸이 소화 흡수를 못하는 거죠. 생 명의 재료들만으로 만든 것이 아니니까요. 그에 비해 점심과 저녁

식사를 병원이나 집에서 해결하고 디저트의 유혹에도 넘어가지 않은 날이면, 때 되면 기분 좋게 배가 고픕니다. 소화 흡수가 제대로 진행된 거죠. 속이 더부룩한 음식과 시간이 지나면 알아서 배고픈 음식, 무엇이 우리에게 맞고 우리 몸의 생화학 반응의 재료가 되는 것인지는 너무도 분명합니다.

우리는 먹을 것이 부족하지 않는 시대에 살지만 좋은 음식을 잘 먹고 잘 싸는 것은 절대 쉬운 일이 아니에요. 오히려 풍족한 시대에 살고 있어 더욱 어려운지도 모릅니다. 풍족함 이면에 숨은 위험을 잘 보여주는 조사가 있습니다. 1998년과 2009년 우리나라 식습관을 비교해본 것인데요, 비율로 볼 때 가장 많이 늘어난 것은 소주와 맥주 같은 술 종류입니다. 다음은 커피와 차, 케이크과 쿠키, 파이 같은 달달한 음료와 디저트 음식들이고요. 가공 탄수화물이 많이 섞여 있을 여러 소스sauce류도 많이 늘었습니다.[11] 음식 첨가물이 다량 들

생명활동의 재료이므로 음식 역시 생명이어야 하지만,
우리가 먹는 음식에는 생명이 아닌 것이 너무 많이 들어갑니다.
달콤함 때문에 저도 유혹에 곧잘 넘어가는 음식들에 많이 들어 있죠.

어갔거나 가공한 음식들이 크게 늘어난 것이죠. 양으로 보아도 마찬가지입니다. 특히 제게 충격적인 소식은 50년 전에 비해 맥도널드 햄버거 1인분의 크기가 4배 커졌다는 것입니다. 지난 20년 동안 미국인들의 평균 체중이 7kg 늘었다는 소식 역시 충격적이지 않을 수 없고요.

21세기 들어 마치 전염병처럼 커져가는 고혈압, 당뇨, 고지혈증 같은 만성질환을 만드는 근본원인이 바로 이런 식생활의 변화에 있음은 물론입니다. 이런 식습관을 교정하지 않고서는 이들 질환의 제어가 불가능할 것이란 게 제 생각입니다.

이것 하나만 기억합시다. 잘 먹고 잘 싸는 것의 출발은 좋은 음식을 고르는 것입니다. 소화가 안 되는 것은 소화가 안 될 음식을 허겁지겁 먹었기 때문이고요.

## 2. 배고픔 즐기기,
### 건강수명 100세를 준비하는 식습관

이 글을 쓰기 시작하는 지금은 이른 아침입니다. 어제 저녁밥을 먹은 지 11시간이 지났고 변을 이미 보아서인지 오늘은 더 속이 가볍습니다. 조금 있으면 꼬르륵 소리도 들릴 듯합니다. 아침을 거르고 점심과 저녁, 하루 두 끼를 먹는 저는 이 상태로 출근해서 진료를 하며 12시 30분 넘어까지 보낼 것입니다.

어제 오전에는 산행을 했는데, 그때도 배가 가볍고 편안했습니다. 이런저런 생각을 하면서 걷기에 아주 좋은 상태였죠. 새로운 아이디어가 떠오르는 것을 즐기며 걷는 동안 마음도 평안했습니다. 속이 가벼워서 오히려 새로운 생각들이 더 잘 떠오르는 것 같았습니다.

긴 진화과정을 거치는 동안 배고픈 상태에서 호모 사피엔스가 느꼈을 생존 위기감이 먹을 것을 차지하기 위해 더욱 뇌 발달을 촉진시켰을지도 모른다는 생각도 들었습니다. 공복일 때 머리가 명정해지는 느낌! 이것은 제가 하루 두 끼 먹는 '간헐적 단식'을 시작한 계기이기도 합니다.

간헐적 단식intermittent fasting은 어떤 방법으로 하든 일상에서 속을 잠시 공복 상태로 두는 것이 좋다는 선조들의 오랜 경험에서 얻은 지혜를 매뉴얼화한 것이라고 할 수 있습니다. 많이 알려진 대로 일주일에서 하루 이틀을 아예 굶거나 하루 한 끼나 두 끼를 먹는 등 여러 방법이 있는데, 각자의 몸이나 라이프스타일에 따라 시도하면 될 듯합니다. 저녁때 사회적 만남을 피할 수 없는 저는 아침을 거르고 점심과 저녁을 먹는 방법을 선택했습니다.

간헐적 단식의 결과로 자연스럽게 먹는 양도 줄었습니다. 결과적으로 소식小食을 하게 된 것이죠. 소식은 아마도 인류가 가장 오랫동안 지켜봐 오고 데이터를 축적해온 장수 비결일 것입니다. 소식의 과학적 표현인 칼로리 제한calorie restriction 역시 수명 연장이나 장수에 가장 많은 데이터를 축적한 시도입니다. 실제 노화연구의 가장 큰 데이터뱅크인 미국 국립노화연구소NIA, National Institute of Aging는 장수의 중요한 주제로 칼로리 제한을 연구하고 있습니다.[1]

소식에 대한 동물연구는 단세포인 효모yeast에서부터 1mm 크기의 예쁜꼬마선충C. elegans, 쥐, 원숭이에 이르기까지 다양한 동물을 대상으로 이루어졌고, 소식이 평균수명과 건강수명을 연장하는 것을 보여줍니다. 예를 들어 원숭이를 대상으로 이루어진 연구에서는 소식한 원숭이들이 보통 식단의 원숭이들보다 나이 들면서 생기는 심혈관 문제를 포함한 여러 질병에 덜 노출되었어요(옆 페이지 도표 참조). 소식을 한 원숭이가 항산화 능력도 우수하고 몸의 적절한 대사반응도 잘 유지되며 질병의 방어능력도 뛰어나, 평균수명이 26년 내외인 다른 원숭이들보다 평균 3년 정도 더 살았다고 합니다.[2]

소식에 대한 인체 연구는 쉽지 않습니다. 수명이 길고 먹는 것을 통제하기가 어렵기 때문이죠. 그런데 2015년 드디어 2년 동안 인간을 대상으로 한 관찰연구가 발표되었습니다.[3] 정상 체중 성인 218명을 두 그룹으로 나누어, 한 그룹에는 25% 정도의 칼로리를 낮춘 식단을 제공하고 다른 그룹에는 평소 먹던 대로 먹게 하며 2년을 지내게 한 것입니다. 결과는 어땠을까요? 소식한 그룹에서 체중이 줄고, 일일 에너지 소비량도 줄었으며, 전체적인 심혈관 질환 위험요소들도 개선되었습니다. 삶의 질과 관련된 후유증은 없었고요.

간헐적 단식이 효과를 내는 메커니즘은 아주 단순합니다. 우리 몸도 잠시 쉬어야 한다는 것이죠. 실제 음식이 들어와 우리 몸에서 소화 흡수되어 각 세포에까지 전달되는 과정은 에너지가 매우 많이 들어가는 활동입니다. 음식을 소화하고 에너지를 흡수하는 데에도 에

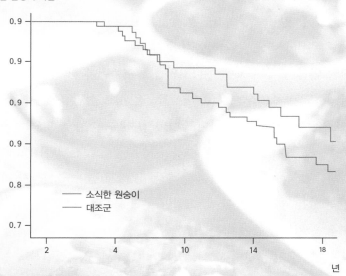

## 노화와 관련된 질병에 미치는 소식의 영향 (원숭이 실험)

노화 관련 질병의 비율

0.9
0.9
0.9
0.9
0.8
0.7

—— 소식한 원숭이
—— 대조군

2    4    10    14    18

년

소식을 한 원숭이(붉은색)들이 나이 들면서 생기는
심혈관 문제를 포함한 여러 질병에 덜 노출되었습니다.

너지가 많이 소비된다는 것이죠. 입속에서 씹는 동안 근육이 움직이고 침이 분비되고 소화효소들이 만들어집니다. 위에서는 위산을 만들어 음식 속의 병적 미생물을 검색하고 소화도 시켜야 합니다. 음식물이 소장 입구로 들어가면 췌장과 간은 많은 소화효소들을 만들어 쏟아부어야 하고, 에너지원이 소화 흡수된 뒤에는 췌장이 또 인슐린을 만들어 각 세포에 에너지원을 넣어주어야 하죠. 소장 아래 대장에서도 장세포와 대장 속 미생물들은 서로 협업하여 수분과 함께 아직 남은 자원을 받아들이고 나머지는 해체해서 몸 밖으로 내보낼 준비를 해야 합니다. 이런 과정이 모두 제대로 진행되는 '소화관통과시간Gastrointestinal Transit Time'은 아무리 짧게 잡아도 설사가 아니라면 10시간 넘게 걸릴 텐데, 그동안 우리 몸은 잘 먹고 잘 싸기 위해 수많은 활동을 해야 하는 거죠.

식곤증이 생기는 것도 그 때문입니다. 그래서 저는 점심식사 후에는 쏟아지는 노곤함을 견디기 어려워 20~30분 정도 낮잠을 자곤 합니다. 근육의 움직임을 잠시 쉬어 제 몸이 소화 흡수에 집중하도록 도와 달라며 보내는 호소를 받아들이는 것이죠. 간헐적 단식은 이 복잡한 과정을 잠시 쉬어 가자는 의미입니다.

소식이나 칼로리 제한 역시 마찬가지입니다. 이런 복잡한 소화 흡수 과정을 우리 몸이 필요로 하는 만큼만 최소한으로 하자는 취지입니다. 필요 이상으로 많이 먹으면, 그것을 소화하기 위해 우리 몸

# 칼로리 제한과 장수

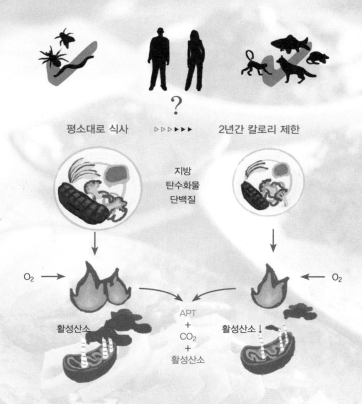

평소대로 식사  ▷▷▷▶▶▶  2년간 칼로리 제한

지방
탄수화물
단백질

$O_2$ →          ← $O_2$

활성산소                                활성산소↓

APT
+
$CO_2$
+
활성산소

소식에 대한 동물연구는
단세포인 효모에서 1mm 크기의 예쁜꼬마선충, 쥐, 원숭이까지 이루어졌지만,
인체 연구는 쉽지 않습니다. 수명이 길고 먹는 것을 통제하기가 어렵기 때문이죠.
그런데 2015년 드디어 2년 동안 인간을 대상으로 한 관찰연구가 발표되었습니다.
결과는? 평소 대로 식사한 그룹보다 25% 정도의 칼로리를 낮춘 식사를 한 그룹이
체중이 줄고, 일일 에너지 소비량도 줄었으며,
전체적인 심혈관 질환 위험요소들도 개선되었습니다.
삶의 질과 관련된 후유증은 없었고요.
원리는 간단합니다. 칼로리 제한은 복잡한 소화 흡수 과정을 줄여서
부가되는 에너지도 줄이는 것이죠.

소식은 가장 강력한
장수 비결입니다.

은 부가로 에너지를 쓰고 활동을 하느라 부대낄 것입니다. 그럴 경우 나타나는 대표적인 것이 소화불량입니다. 당연한 얘기지만 적게 먹으면 소화불량에 걸릴 일도 대폭 줄어듭니다. 많이 먹어, 혹은 소화가 안 되는 기름지고 달달하고 자극적인 음식을 먹어 위에 부담이 되고, 그것을 또 해결하기 위해 소화제나 위산억제제PPI, Proton Pump Inhibitor를 먹는 것은 악순환의 반복이고 문제를 키울 뿐입니다. 위산억제제를 장기 복용한 사람들에게서 위암발생률이 높은 것은 당연한 일입니다.[5] 속이 더부룩하면 잠시 단식을 하거나 소식을 하면 자연스럽게 해결될 것인데 말이죠.

특히 나이 들수록 소식은 더 중요해집니다. 나이가 들면 소화력이 떨어지고, 동시에 조금씩 몸 곳곳에 만성염증의 징후들이 쌓여갑니다. 우리 몸이 필요한 정도를 넘어서는 음식은 몸 곳곳에 쓰레기로 쌓여 만성염증을 더 증폭시킬 것입니다. 혹자는 이를 쓰레기Garbage와 노화aging를 합친 신조어 가베이징Garb-aging이라는 단어를 만들어 표현하기도 합니다.[6]

건강과 장수에 대한 소식의 효과를 분자적 메커니즘으로 분석하려는 시도도 있습니다. 세포 안에서 이루어지는 SIRT−1이라는 분자들의 대사과정을 포함해 이런저런 경로pathway들이 거론됩니다. 또 제약회사들은 이런 경로들을 따라가며 소식을 모방한 약들을 만들려 하죠. 대표적으로 당뇨약으로 많이 쓰이는 메트포민metformin이나 항생제의 일종인 라파마이신Rapamycin 등이 소식과 비슷한 효과를 낸다고 주장하는 연구도 있습니다.[7] 하지만 이런 시도는 섣부를 수 있습니다. 38억 년에 이르는 긴 생명의 역사와 수십만 년에 걸친 호모 사피엔스 진화과정, 오랜 세월 축적한 결과로 만들어진 우리 선조의 슬기를 20세기 짧고 좁은 '과학적' 단견으로 대체하려는 느낌이 듭니다. 게다가 생명의 정상적인 과정에 개입하거나 내성이 생기기 쉬운 저런 약들은 당연히 부작용이 있을 수밖에 없죠.

소식이나 간헐적인 단식을 권하는 자료는 충분히 쌓여 있습니다. 인터넷으로도 쉽게 검색할 수 있으며 지상파 방송 프로그램도 있습니다. 그래도 일부에서는 이에 대해 이런저런 걱정을 합니다. 예를 들어, 간헐적 단식을 처음 시도할 때 음식을 기다리는 위에서 산을 분비해내니 오히려 불편할 수 있다는 것입니다. 전혀 일리 없는 것은 아니나, 시도 과정에서 생기는 그런 정도의 문제로 소식이나 간헐적 단식이 가져오는 효과를 포기할 일은 아닙니다. 저 역시 처음에는 그런 불편한 느낌이 있습니다. 그래서 오전에 과일을 조금 먹는 과정을 거쳤죠. 한번 그 과정이 지나고 나니 지금은 오히려 오전에 과일 외에 무엇을 먹으면 속이 불편합니다. 처음 시도하려는 사람들에게 끓이면 누룽지 맛이 나는 현미차도 권하고 싶습니다. 저역시 마시고 있습니다.

지금은 음식 과잉의 시대입니다. 골고루 먹어 필요한 영양소를 섭

취하되, 그 양은 줄여야 하죠. 무엇보다 달달함으로 입을 유혹하는 정제 탄수화물 음식을 줄여야 합니다. 그리고 적절한 배고픔도 즐겨야 하지 않을까요? 긴 생명의 역사 동안 수많은 추위와 배고픔과 전염병을 견디며 지금까지 살아남은 우리 몸의 강인한 유전자를 믿고 스스로 자신을 펼칠 수 있는 여유를 주어야 하지 않을까요?

# 3. 잘 먹고 잘 싸기

하루 중 언제를 가장 중요한 시간이라고 생각하시나요? 사람마다 다르겠지만, 저에게 물으면 아침에 화장실 가는 때라고 대답할 겁니다. 잘 먹고 잘 싸는 것이 건강의 첩경이라는 선조들의 지혜를 믿으니까요. 아침 화장실에서 동아줄을 보는 시원함과 그후의 가벼움은 그 무엇과도 비교할 수 없죠. 반대로 아침의 이 중요한 이벤트를 거르는 날엔 하루 종일 아랫배가 묵직하고 밥맛도 없습니다. 그런데 이 중요한 이벤트가 우리나라 국민들로 보나 인류 전체로 보나 안 좋은 방향으로 바뀌고 있는 듯합니다.

인터넷으로 ≪동의보감≫을 읽다가 깜짝 놀란 대목이 있습니다.

보통 사람은 하루에 대변을 두 번 본다. 한 번에 2.5되를 배설하고 하루에 5되를 배설하기 때문에 7일이 지나면 3말 5되를 배설하여 수곡이 모두 없어진다.[1]

한 되는 1.8리터 정도되는 양이고 이것을 무게로 환산하면 적게 잡아도 1.5kg을 넘을 테니, 다섯 되라면 어마어마한 양입니다. 여기에 제시된 양을 그대로 받아들이지 않는다 해도, 당시 사람들의 대변 양이 상당했고 횟수도 최소한 하루 한 번은 되었을 것이라고 짐작할 수는 있습니다. 우리나라 사람들의 이처럼 많은 대변 양은 1970년대 급속한 산업화가 진행되기 전까지 유지되었을 가능성이 큽니다. 〈사이언스타임즈The science times〉에 실린 신동호 님의 글에 의하면, 1950년 한국전쟁 당시 덩치 큰 미국인들이 똥은 염소똥처럼 싼다며 수군거리는 한국 병사들이 많았다네요.[2] 육식을 많이 한 미국 병사들은 큰 덩치에 비해 똥의 양은 적었다는 건데, 역으로 밥(당시엔 현미였겠죠) 중심의 식사를 하는 우리나라 사람들은 양이 많았을 겁니다.

제 똥 무게는 매일 차이가 나겠지만, 대략 200g 정도일 듯합니다. ≪동의보감≫ 기록에 비하면 상당히 적죠? 저뿐만 아니라 우리 국민, 나아가 21세기 선진국의 국민들은 전체적으로 배변 양이나 횟수가 줄어들고 있는 것으로 보여요. 지구 전체를 선진국과 후진국으로 나누어 각 나라 사람들이 누는 똥의 양을 비교한 연구에 의하면, 후진국 사람들은 하루 250g 정도인 데 반해 선진국 사람들은 절반 정도인 126g 정도였다고 해요.[3] 약 2배 정도 차이가 나죠. 이 똥을 말려 무게를 달아보면 후진국 사람들은(38g) 선진국 사람의 경우(28g)보다 1.3배 많았고요(오른쪽 페이지 표 참조). 이것은 후진국 사람들의 똥이 더 무르다는 것이고, 선진국 사람들의 똥은 물이 많이 포함되지 않아 단단하다는 거겠죠.

배변 횟수도 줄었어요. 한 인도인 의사가 쓴 글에 의하면 인도인은 아직도 99%가 하루 한 번 이상 똥을 눈다고 합니다.[4] 양도 많아서 평균 514g 정도라네요. 우와, 놀라운 양이죠. 우리나라 사람들은 어떨까요? ≪동의보감≫이 저술된 시대와는 달리, 우리 시대에는 하루 한 번 보는 것도 감사할 일이죠. 의학적으로 변비를 진단할 때 일주일에 3회 정도도 정상으로 보니까요.[5] 이런 기준을 적용할 때도 현대 한국인들 중 16.5%가 변비에 시달리고 있다고 합니다.[6] (≪동의보감≫ 시절이나 현대 인도처럼 하루 한 번 이상 변을 보는 사람들에 대한 통계는 검색되지 않으나 생각보다 많지 않을 듯합니다.)

선진국과 후진국 사람들의 대변량 비교

| | 선진국<br>젖은 상태 무게<br>(g/cap/day) | 후진국<br>젖은 상태 무게<br>(g/cap/day) | 선진국<br>마른 상태 무게<br>(g/cap/day) | 후진국<br>마른 상태 무게<br>(g/cap/day) |
|---|---|---|---|---|
| 중간값 | 126 | 250 | 28 | 38 |
| n | 95 | 17 | 57 | 8 |
| 최소값 | 51 | 75 | 12 | 18 |
| 최대값 | 796 | 520 | 81 | 62 |
| 편포도 | 4.178 | 0.598 | 2.378 | 0.098 |
| 편포도<br>표준오차 | 0.248 | 0.550 | 0.327 | 0.752 |
| 평균 | 149 | 243 | 30 | 39 |
| 표준편차 | 95.0 | 130.2 | 11.7 | 14.1 |
| 가변값 | 9024 | 16960 | 136 | 201 |

세계적으로 보아도 20~27% 정도가 일주일 3회에도 미치지 못해 변비로 고통받는다고 해요.

그런데 의문이 듭니다. 무엇이 정상일까요? 일단 횟수를 생각해 보죠. 주 3회 이상은 정상이고 이하는 변비라는 기준은 우리나라 사람들에게도 적용되는 것일까요? 제가 볼 땐, 주 3회를 의학적 기준으로 삼는 것은 분명 서양의 기준이에요. 주로 미국 학회가 얘기하고 우리나라 의학계도 그걸 많이 추종하죠.[7] 하지만 식단에 고기가 더 많이 포함되는 서양인들은 배변 양이나 횟수가 채식을 많이 하는 동양인이나 아프리카인들보다는 더 적을 거예요. 과거의 예나 현재 인도를 포함한 여러 나라들, 무엇보다 아침에 변을 보지 않으면 하루 종일 아랫배가 묵직한 제 몸을 관찰하면서 느끼는 바로는, 우리에겐 매일 1회를 정상으로 생각하는 것이 맞을 듯합니다. 물론 매일 안 본다고 변비라거나 문제가 있다는 것은 아니지만, 주위에 보면 매일 안 봐도 문제가 없는 것처럼 느끼는 사람들이 있어서 하는 말입니다. 잘 먹고 잘 싸는 것이 중요한 만큼 매일 1회 배변을 위해 먹는 것에 신경을 쓰면서 자신의 몸에 주의를 기울였으면 좋겠습니다.

**양이나 횟수가 중요한 이유**

배변 양이나 횟수에 대해 주의를 기울여야 하는 이유가 있습니다. 이것이 우리 장내에 여러 변화를 만들기 때문이죠. 대표적으로, 현대인들은 과거에 비해 음식이 입으로 들어가 항문으로 나오는 소화관 통과시간GTT, Gastrointestinal Transit Time이 대폭 길어졌습니다. 우리나라 사람들의 위장관 통과시간을 과거와 비교한 자료는 없지만, 미국인들을 대상으로 소화관 중 가장 긴 소장의 통과시간을 조사한 연구자료들을 살펴보면, 지난 50~60년 동안 무려 3배 이상 길어졌다는 추정도 가능합니다. 1960년대에 680명을 대상으로 소장 통과시간을 조사한 연구에 의하면 평균 84.4분이었는데,[8] 1980년대에 조사한 결과는 평균 150분과 200분 사이 어딘가로 보이고,[9] 2010년대에 조사한 결과는 무려 275분이나 되거든요.[10]

소화관 통과시간이 이렇게 길어진 데에는 여러 이유가 있겠지만, 음식이 주요한 이유인 것만은 분명합니다. 앞에서 언급한 인도인 의사가 쓴 글에 의하면, 인도인들의 전체 소화관 통과시간은 평균 17시간 정도입니다. 오늘 아침에 변으로 나온 성분은 어제 점심때 먹은 것이란 말이죠. 논리적으로 보면 소화관 통과시간이 긴 것이 꼭 나쁘다고는 할 수 없지만, 음식과 에너지 과잉 시대를 살고 있고 못 싸서 고통받는 우리에겐 설사만 아니라면 소화관 통과시간이 짧는 것이 더 좋다는 것은 확실해요. 어제 점심때 먹은 참외씨가 오늘 아침 변기에 있는 것을 보면, 제 소화관 통과시간은 하루가 채 걸리지 않습니다. 그런데 현재 우리나라 정상인들의 소화관 중 맨 끄트머리인 대장의 통과시간만 해도 평균 22시간(남성)에서 30시간(여성)이라네요.[11] 너무 긴 거죠. 《동의보감》의 기록과는 비교할 바가 아니게 길어진 것이고요.

길어진 소화관 통과시간과 배변 양과 횟수는 21세기 들어 뜨거운 관심을 받고 있는 장내 미생물이 달라지게 만듭니다. 당연하겠죠. 똥으로 나가야 할 잔여물이 장에 오래 남게 되면 장내 환경이 달라질 테고, 그에 따라 그 환경을 발판 삼아 살아가는 미생물도 달라지게 만들 테죠. 또 그렇게 달라진 미생물이 우리 몸에 미치는 영향도 달라질 것입니다. 미생물과 우리 몸은 늘 상호작용하며 살아가고 있으니까요. 구체적으로는 변비 환자들의 장에는 젖산균*Lactobacillus*이나 비피도박테리움*Bifidobacterium* 같은 유산균들이 줄어들고 대신 녹농균 *Pseudomonas aeruginosa* 같은 게 늘어난다고 알려져 있어요.[12] 녹농균은 대표적인 병원균 중 하나죠.

이런 변화들이 현대인들에게 변비가 대폭 증가하게 만들었습니다. ≪동의보감≫을 보면 과거라고 변비가 없었던 것은 아니지만, 그러더라도 인구의 16.5%가 스스로 변비라 생각하지는 않았겠죠.[13] 또 변비가 아니더라도 아침에 똥을 못 싸서 속이 더부룩한 상태로 지내는 사람들까지 포함하면 배변 문제로 비롯되는 삶의 질 저하는 훨씬 더 심각합니다.

배변 문제는 여기서 그치지 않아요. 아시다시피 요즘 우리나라에서 염증성 장염IBD: Inflammatory Bowel Disease이나 대장암CRC: Colorectal Cancer이 계속 증가추세에 있습니다. 이런 건 과거 우리나라나, 앞에서 소개한 〈사이언스타임즈〉 신동호님의 글에서 보듯 아프리카처럼 '후진국 똥'을 싸는 사람들에게서는 흔치 않은 병이죠. 이런 병이 계속 증가하는 것은 밖으로 나가야 할 변이 장에 오래 잔류하면서 거기 포함된 여러 독소와 안 좋은 장내 세균들이 장세포에 영향을 미쳤기 때문이라는 추정이 가능합니다. 실제로 변비와 장내 세균의 변화, 그리고 염증성 장염이나 대장암의 연관성을 인구통계학적으로 추정한 여러 자료에 의하면, 변비와 대장암의 증가가 서로 연관되어 함께 나타나죠.[14]

매일 아침 똥을 못 누거나 눈다 해도 염소똥처럼 싸는 현대인들에게 염증성 장염이나 대장암이 증가하는 이유도 뻔합니다. 바로 음식이죠. 우리가 매일 먹는 음식은 너무 달달한 가공 정제 음식들이나 고기류들이고, 대신 과거 사람들이 많이 먹을 수밖에 없었던 거친 식이섬유는 쏙 빠져 있습니다. 말하자면, 잘 싸기 위해 장을 생각하며 골라 먹어야 할 음식들이 모두 입맛에 따라 걸러져버린 거죠.

식이섬유가 배변뿐만 아니라 장건강에 보탬이 된다는 것은 너무도 잘 알려져 있기 때문에 여기선 두 가지만 기억해 두기로 하죠.

하나는 식이섬유의 흡착기능입니다. 우리 똥이 황갈색인 것은 간에서 만들어지는 담즙이 한번 대사되면서 만든 색깔 때문이라는데, 이 담즙의 대사물질인 디옥시콜산Deoxycholic acid: DCA이 장내에 오래 머물면 발암물질이 됩니다. 담즙은 지방의 소화를 돕기 위해 만들어지는 것이라 고기를 많이 먹는 사람들이 대장암에 걸리기 쉬운 이유이기도 합니다. 그래서 디옥시콜산은 당연히 똥으로 배설하는 게 좋은데, 식이섬유가 이것을 흡수해서 함께 밖으로 나온다는 거죠.[15] 식이섬유를 많이 먹으면 담즙도 많이 필요 없지만, 또 장에 있으면 좋지 않은 담즙 대사물질도 배출되게 해준다는 겁니다. 이중의 효과 인 거죠.

또 하나는 단쇄지방산입니다. 단쇄지방산은 장내 세균들이 소장을 지나면서도 소화 흡수되지 않고 대장까지 밀려 들어온 식이섬유를 먹어 치워서 만드는 물질인데, 이것도 '산acid'이라서 장내 환경을 개선할 수 있습니다. 위산의 염산이 위장으로 들어오는 음식 속 세균을 검색하고 소화를 돕듯이, 대장에서는 단쇄지방산이 그 역할을 한다고 생각하면 되죠. 물론 위산만큼 강한 산은 아니지만요. 또 단쇄지방산은 장세포에 에너지를 공급하기도 하고 온몸으로 흡수되어 여러 면역작용에 관여하기도 합니다. 그런데 만약 식이섬유가 오랫동안 대장으로 들어오지 않으면, 장내 세균이 식이섬유 대신 장세포를 덮고 있는 점액질 속 탄수화물을 먹어 치운다고 합니다.[16] 세균들도 먹고 살아야 하니 어쩔 수 없는 노릇이겠죠. 상황이 이렇게 되면 마치 입 속에 침이 없는 것과 비슷한 일이 일어납니다. 침이 없으면 입이 마르니 입속 곳곳이 쉽게 자극을 받아 궤양이 생기죠. 장도 마찬가지입니다. 점액이 없는 장벽이 똥으로 나갈 물질을 받아낸다면 쉽게 헐게 되죠. 이게 오래되면 바로 염증성 장질환이나 대장암으로 갈 수 있는 것이고요.

# 똥 성분 중 유기물의 구성

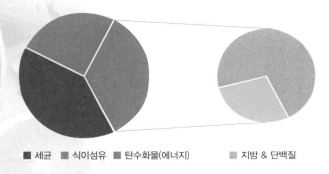

■ 세균   ■ 식이섬유   ■ 탄수화물(에너지)       ■ 지방 & 단백질

# 배변이 원활하지 않은 상태가 계속될 때 생기는 문제

| 저식이섬유 정제 음식 식품첨가물 | 장미생물 변화 소화관 통과시간 증가 변의 양 감소 변비 | 장내 독소 증가 장누수증후군 | 염증성장염 대장암 |

식이섬유가 적고 정제 · 가공한 음식을 먹으면
소화되고 남은 음식 찌꺼기와 소화효소, 미생물들이 장에 오래 머물면서 독소를 만듭니다.
장미생물이 식이섬유를 먹어 치우면서 만드는 단쇄지방산도 줄죠.
장세포에 에너지를 공급하고 온몸으로 흡수되어 면역작용에 관여하는 단쇄지방산이 줄면,
장내 세균은 식이섬유 대신 장세포를 덮고 있는 점액질 속 탄수화물을 먹어 치웁니다.
점액이 없어지면 장벽은 쉽게 헐어 장누수가 일어나고,
이게 오래되면 염증성 장질환이나 대장암으로 갈 수 있고요.

**똥과 함께
내보내야
하는 것**

다른 각도에서 제가 똥을 중요하게 생각하는 이유가 하나 더 있습니다. 똥의 상당 부분이 세균의 사체이기 때문입니다. 똥은 75% 정도가 물이고, 25% 정도만 유기물(22%)과 무기물(3%)인데, 유기물 중 세균이 40% 정도를 차지하죠.[17] 그러니까 우리가 매일 누는 똥의 10% 정도가 살아 있는 세균이나 세균의 사체라는 얘기입니다. 대장에 살던 세균이 똥과 함께 밀려나오는 거죠.

일반적으로 건강한 사람들의 대장에는 100조 정도까지 추산되는 세균들이 살고 있다고 알려져 있습니다. 이 어마어마한 양의 세균들 중에는 당연히 우리 몸에 위험한 녀석들도 있고 꼭 필요한 녀석들도 있을 겁니다. 또 인간이 지구를 터전 삼아 살아가듯 그냥 우리 몸을 터전 삼아 살아가는 녀석들도 있을 겁니다. 우리 대장은 인간이 소화시키지 못한 영양소가 많고 물도 많고 온도도 따뜻할 테니 세균에게는 살기에 안성맞춤인 장소일 테죠.

양도 엄청나지만 종류로 보아도 1,000종이 넘

을 만큼 다양한 세균이 사는 대장은 당연히 순환하고 통해야 합니다. 말하자면, 인간의 소장에서 소화되지 않고 대장까지 밀려온 물질(똥)과 세균은 시간이 되면 바깥으로 나가고, 그렇게 비워진 공간을 위와 소장에서 내려온 물질이 다시 채우기를 반복해야 한다는 겁니다.

만약 순환되지 않고 막혀 있으면, 대장의 환경이 변하고 세균과 똥이 만드는 독소가 농축되고 그것이 장 주위 혈관을 타고 몸 곳곳을 돌며 여러 문제를 일으키게 됩니다. 가장 흔하고 눈으로 볼 수 있는 문제는 얼굴에 생기는 뾰루지입니다. 변비에 걸렸는데 왜 얼굴에 뾰루지가 날까요? 원인은 대장에 있는데 얼굴에 문제가 생긴다는 것은 대장의 독소가 혈관을 타고 얼굴에 이르러 문제를 일으켰다고 생각할 수밖에 없죠. 그나마 뾰루지는 가벼운 문제이고 눈으로 확인할 수 있는 것이지만, 우리가 느끼지도 못하는 사이 우리 몸 곳곳에서 만성염증이 진행될 가능성이 큽니다. 그리고 만성염증이 오래되면 암을 포함한 더 위험한 문제가 생길 가능성이 커져갈 것이고요.

의사들과 과학자들은 이런 문제에 오래전부터 관심을 가졌고 장누수증후군Leaky gut syndrome이라는 이름 붙였습니다.[18] 좀더 정확히 말하면, 장누수증후군이란 장을 둘러싼 세포들의 간극이 벌어지면서 장에 있는 여러 독소들이 그 사이를 뚫고 전신으로 향하게 되는 걸 말해요. 말 그대로 장에 누수가 생기는 거죠. 오래전부터 거론된

# 장누수증후군 & 장누수가 온몸에 미치는 영향

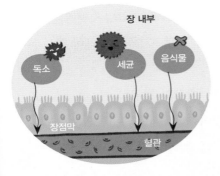

장 내부

독소

세균

음식물

장점막

혈관

## 장누수증후군

장 세포 사이가 벌어지면 그 사이로
장내 세균이나 독소, 음식물 등이 들어가
장벽을 뚫는 것을 장누수증후군이라고 합니다.
그러면 독소가 혈관을 타고 온몸으로 향하게 되고,
온몸에서 여러 문제를 일으키게 되죠.

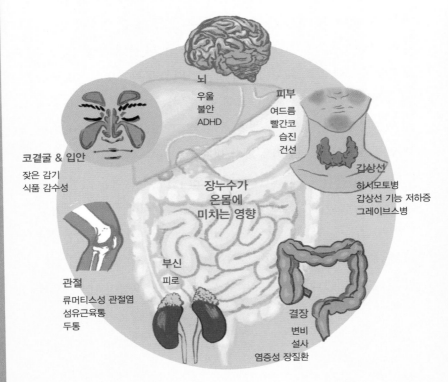

뇌
우울
불안
ADHD

피부
여드름
빨간코
습진
건선

코곁굴 & 입안
잦은 감기
식품 감수성

갑상선
하시모토병
갑상선 기능 저하증
그레이브스병

장누수가
온몸에
미치는 영향

부신
피로

관절
류머티스성 관절염
섬유근육통
두통

결장
변비
설사
염증성 장질환

장누수증후군이 최근 들어 더 관심을 모으는 이유는 21세기 미생물학의 발달과 관련이 있습니다. 우리 몸에 사는 미생물이 어마어마하게 많고, 이것들과 잘 공존하는 것이 우리 몸 건강을 지키는 지름길이라는 인식이 확산되었기 때문이죠.

그럼 장 누수증후군에 걸리지 않고 장 미생물을 비롯한 우리 몸 미생물과 잘 지내려면 어떻게 해야 할까요? 여기에서도 가장 중요한 것은 음식입니다. 또 같은 결론에 이르게 되네요.

"음식이 약이 되게 하라!"

# ㄴ. 노화를 늦추는 약, 운동

**나이 들면
근육이
빠지는 이유**

매일 아침 저를 보러 병원에 들르시는 어머니가 며칠 전에는 제가 운동하는 시간에 오셨습니다. 저는 병원 한쪽에 운동기구 몇 개 들여놓고 틈이 나면 운동을 하거든요. 그날 저는 80대이신 어머니에게 근력운동을 할 때 쓰는 기구에 앉아 한번 들어 보시라고 했습니다. 무게는 가장 낮은 한 단짜리로 맞추었는데도 다섯 번을 채 못 드시더군요. "야야, 왜 이렇게 무겁냐?" 하시면서요. 그 세대가 대개 그렇듯 농사일부터 시작해 쌀가마만큼 무거운 짐을 수없이 들어올렸을 어머니의 손은 제 손보다 더 크고 거칩니다. 나이 들어가며 몸에 근육과 힘이 빠져가는 건 누구도 피할 수 없는 일이라는 걸 알지만, 그날 어머니 모습에 마음이 무거웠습니다.

날이 따뜻해지기 시작하면 저는 가능한 걸어서 출퇴근을 합니다. 걷기에 안성맞춤인 일산의 공원길을 걸으면 나무들과 풀들이 하루하루 바뀌는 모습도 보고 사람들이 만드는 풍경의 변화도 보게 됩니다. 10~20년 전만 해도 공원길을 뛰는 사람들이 많았습니다. 그런데 최근에는 공원길 곳곳에 피트니스 기구들이 놓이고, 이른 아침 아직 쌀쌀한 날씨에도 기구들 위에서 근육운동을 하는 분들이 많이 보입니다. 대부분 나이 드신 분들이죠. 노령화 사회를 맞는 국가적 사회적 대책과 건강하게 살려는 개개인의 본능적 욕망이 만나는 장면일 것입니다. 나이가 들면 근력운동이 필요하다는 것은 일반적으로 잘 알려져 있으니까요. 저 역시 적어도 주 3회는 근육운동을 하려고 노력합니다.

운동을 하지 않으면 40대 이후 10년마다 8% 정도의 근육이 빠져나간다 하고, 70대 이후에는 그 속도가 더 가속화되어 10년마다 15% 정도가 빠져나간다고 합니다.[1] 이것을 근육위축증sarcopenia이라고 부르죠. 영어의 의미를 음미하면, 살sarco, flesh이 사라진다penia, loss는 뜻으로 좀 살벌한 느낌이 들기도 합니다. 나이가 들면 근육 안에

지방이 쌓이고 결합조직이 늘어나서 근육이 낼 수 있는 힘도 줄어듭니다.[2] 근육뿐만 아니라 뼈조직도 줄어들면서 키도 조금씩 작아지죠. 우리 모두 알고 있는 사실들입니다.

그런데 이건 반만 맞는 말입니다. 제게 매우 인상적인 MRI 사진이 있는데요, 40대와 3종경기에 참여한 70대, 그리고 운동하지 않고 평소 앉아 지내는 74세인 사람의 허벅지 근육을 찍은 것입니다. 같은 70대인데 3종경기 선수와 늘 앉아 지내는 사람의 허벅지 근육의 차이는 놀라울 정도입니다. 늘 앉아 생활하는 74세 남자는 근육위축증으로 인해 허벅지에 근육이 적고 지방질이 많이 차 있는 반면, 3종경기를 하는 70대 남자의 허벅지는 40대와 별반 다르지 않습니다.[3]

이 예는 근육위축증이 운동으로 상당 수준 방어 가능하다는 것을 말해줍니다. 이 사진을 실은 글에서 저자는, 근육위축증은 나이 먹으면 당연히 오는 것이 아니라 스스로 나이 들었다 생각하며 잘 안 움직이고 근육을 안 쓰기 때문에 오는 비사용위축disuse atropy일 가능성이 크다고 주장합니다. 요즘 젊은 사람들도 부러워할 근육질의 노인들이 텔레비전에 자주 등장하는데, 앞으로는 주변에서 흔히 보게 되기를 바랍니다.

# 운동이 허벅지 근육에 미치는 영향

40대 남성의 허벅지

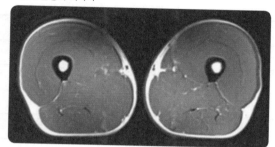

앉아서 생활하는 74세 남성

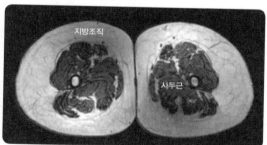

70대 3종경기 참가자

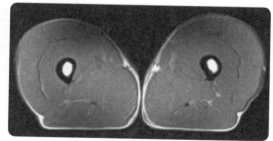

근력과 노화

많이 쓰고 자주 움직이는 것으로 근육이 빠지는 것을 어느 정도 막을 수 있다면, 근육이 내는 힘인 근력도 운동 정도에 따라 유지할 수 있을 것입니다. 근력을 유지하는 것도 중요한데, 우리 몸의 여러 근력 가운데 특히 악력Hand grip strength은 건강노화의 한 지표로 오랫동안 광범위하게 인정되어 쓰이죠. 우리나라 연구진들이 악력과 사망률의 관계를 밝힌 논문은 아주 인상적입니다.[4] 45세 이상 9,393명을 8년 이상 지켜보니, 악력이 가장 약한 그룹(푸른색)의 사망률이 29.1%(여성)와 34.8%(남성)인 데 비해, 악력이 가장 쎈 그룹(붉은색)은 각각 3.1%와 3.8%에 불과했어요. 거의 10배 차이가 나죠. 당연히 생존곡선의 모양도 다릅니다. 악력이 가장 약한 그룹은 시간이 갈수록 생존율이 큰 폭으로 떨어지는 반면, 악력이 쎈 그룹은 세월의 힘에 맞서고 있는 느낌마저 듭니다.

물론 악력과 장수의 관계는 닭과 달걀처럼 무엇이 원인이고 무엇이 결과인지를 따지기 어려울 수 있습니다. 건강하니 근력과 악력이 유지

# 악력과 사망률의 관계

## 생존 곡선 - 여성

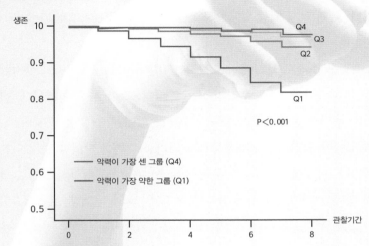

P<0.001

악력이 가장 센 그룹 (Q4)
악력이 가장 약한 그룹 (Q1)

## 생존 곡선 -남성

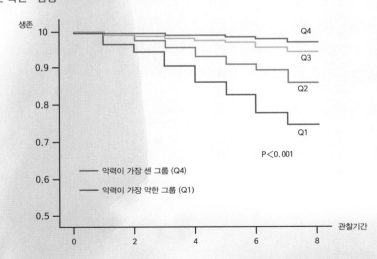

P<0.001

악력이 가장 센 그룹 (Q4)
악력이 가장 약한 그룹 (Q1)

될 테고, 근력과 악력이 유지될 만큼 건강하니 오래 사는 것도 맞을 것입니다. 하지만 무엇이 원인이고 무엇이 결과인지와는 상관없이, 나이 들면서 근력, 그 중에서도 악력을 챙겨야 하는 것은 분명해 보입니다. 저 역시 책상 위에 악력기를 두고 짬 나는 대로 한번씩 움켜줍니다.

엉뚱한 소리로 들릴지 모르겠지만, 우리 뇌도 근육이라고 생각해 볼 수 있습니다. 물론 우리의 뇌는 물리적으로 근육은 아닙니다. 하지만 우리가 운동을 통해 근육위축증을 방어할 수 있는 것처럼, 뇌 역시 여러 인지활동이나 운동으로 뇌기능 감퇴를 방어할 수 있다는 겁니다. 이것을 뇌 기능을 우리가 마음먹은 대로 성형plastic surgery할 수 있다는 의미로 뇌의 성형 가능성 혹은 뇌의 가소성brain plasticity이라고 부르기도 합니다. 뇌의 가소성을 증진하는 육체적 정신적 운동은 당연히 알츠하이머병이나 치매 방지에도 효과가 좋을 것입니다. 할 수만 있다면 육체적 운동과 뇌 운동을 조합하면 더 좋을 것이고요.[5] 저의 경우, 산행을 하며 주위의 나무 이름을 외운다든지, 친구들과 함께 산에 다녀와 포커게임을 하기도 합니다. 또 피트니스를 천천히 하며 명정함을 즐기기도 하죠.

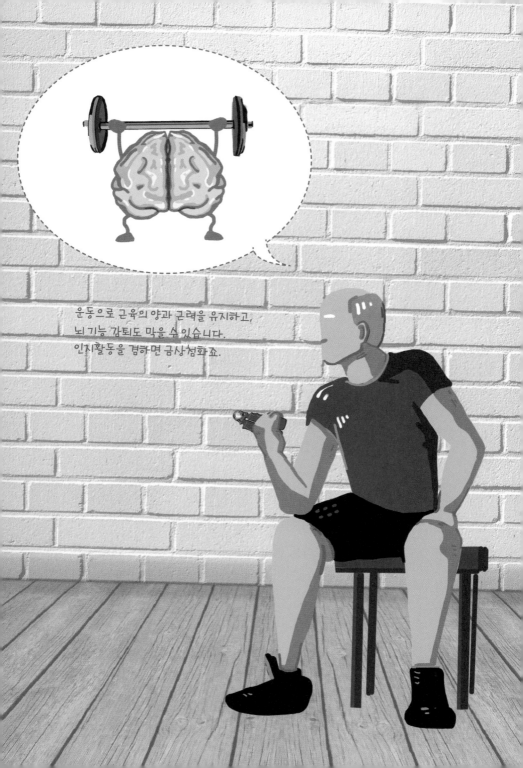

운동으로 근육의 양과 근력을 유지하고,
뇌 기능 감퇴도 막을 수 있습니다.
인지활동을 겸하면 금상첨화죠.

운동exercise만 아니라 일상에서 많이 움직이는
것physical activity도 중요합니다. 일상활동의 중
요성을 보여주는 고전적인 연구가 있습니다.[6]
1950년대 런던에서는 버스기사뿐만 아니라 버
스안내원도 남자였던 모양인데, 비슷한 일을 하
는 이 두 직업의 1,000명당 연간 사망자 수를 비
교했더니, 앉아 일하는 버스기사의 경우(32명)
가 늘 움직여야 하는 버스안내원(9명)에 비해 3
배 이상 많았습니다. 또 사망원인 가운데 가장
큰 비중을 차지하는 심장질환도 버스안내원이
훨씬 덜 걸렸습니다. 같은 업종에 종사하더라도
늘 움직이는 것이 유리하다는 거죠.

결과적으로 일상에서 많이 움직이는 사람의
기대수명이 최대 4.5년까지 늘어난다는 연구도
있습니다.[7] 삶의 만족도 역시 높고요. 치과치료
의 특성상 늘 진료실을 옮겨 다니며 진료하는
저는 이 글을 읽은 후부터는 더 많이 움직이려
고 노력합니다. 늘 책상에 앉아 생활하는 사람
들보다는 많이 움직이는 사람이 더 건강하게 오
래 사는 건 확실하니까요.

운동이 중요한 것은 말할 필요가 없을 겁니다. 규칙적으로 꾸준히 운동하면 효과는 더욱 좋겠죠. 그럼 어느 정도의 강도가 좋을까요? 저만 그런 것은 아니겠지만, 나이 먹으면 심혈관에 무리를 주지 말아야 하기 때문에 공원을 조금 빠르게 걷는 정도의 중강도 운동을 먼저 떠올리게 됩니다. 그런데 요즘은 고령이더라도 일정 간격을 두고 고강도 운동을 반복하는 새로운 운동법을 권장하는 흐름이 감지됩니다. 예를 들면, 공원을 산책하더라도 1분 정도는 빠르게 달리고 1분 정도는 걷는 방식을 반복하는 겁니다. 북한산을 오른다면, 오르다 쉬는 것을 반복하는 거겠죠. 이런 식의 운동을 고강도 인터벌 트레이닝High intensity interval training, HIIT이라고 부릅니다.

HIIT는 어떤 특정 운동을 가리키지는 않습니다. 달리기든 사이클이든 산행이든 혹은 피트니스에서 근육운동을 하든, 어디든 적용할 수 있습니다. 근육운동이라면 자신이 감당할 수 있는 최대한의 무게를 든다든가 혹은 가벼운 무게라도 자신이 할 수 있는 최대한의 횟수로 든 다음, 잠시 쉬는 것을 반복하는 걸 말하죠. HIIT는 원래 운동선수들의 훈련용으로 개발되었으나, 점차 건강을 생각하는 일반인들에게까지 퍼지기 시작해 최근에는 이에 대한 연구가 증가하고 있습니다.

흥미로운 것은 이 운동법이 노화에도 영향을 미친다는 연구결과입니다. 2019년에 나온 논문은 HIIT가 생물학적 노화를 지연시킬 수 있다는 것을 보여주죠.[8] 124명을 4개 그룹으로 나누어 특별한 운동을 하지 않는 그룹, HIIT 방법으로 운동하는 그룹, 유산소 운동(사이클)만 하는 그룹, 그리고 근육운동만 하는 그룹으로 나누어 6개월 동안 지켜본 다음, 텔로미어의 길이를 재어 보았습니다. 텔로미어telomere는 염색체의 양팔 끝에서 염색체 말단을 보호하는 역할을 하는 특수 입자인데, 세포분열이 반복될수록 점점 짧아져서 결국 없어지고 말죠. 그래서 텔로미어의 길이는 세포의 노화 정도를 나타내는 지표가 되기도 합니다. 결과는 어땠을까요? 운동을 하지 않은 그룹과 근육운동만 한 그룹에서는 별 차이가 없던 텔로미어의 길이가 HIIT나 유산소 운동을 한 그룹에서는 길어졌습니다. 또 HIIT나 유산소 운동을 한 그룹에서는 짧아지는 텔로미어를 유지해주는 효소인 텔로머레이스Telomerase가 더 활성화되었어요. 그러니까 이 논문에 따르면, 운동을 할 때에는 유산소 운동을 꼭 넣어서 하되 가능하면 HIIT 방식으로 하라는 얘기가 되겠죠.

HIIT는 비만이나 고혈압 등의 만성질환이 있는 분들에게도 추천되는 운동 방법입니다. 실제로 비만한 남성들을 대상으로 한 관찰 연구에서도 효과를 보였어요.[9] 연구에 참가한 사람들은 두 그룹으로 나뉘었습니다. 한 그룹은 사이클을 보통의 속도로 30분 동안 계속 타게 했고moderate-intensity continuous training: MICT, 다른 한 그룹은 같은 시간을 타되 HIIT 방식으로 타게 했어요. 그렇게 6주를 보낸 다

# 운동의 강도

| 강도 | 심박수 (%) | 호흡 | 예 | 권장 |
|---|---|---|---|---|
| 최대 (Maximum) | 100 | 최대, 말하는 것이 불가능 | 스포츠 훈련 | |
| 초고강도 (very Hard) | 90 이상 | 숨쉬며 겨우 한 마디 | 빨리 달리기 | |
| 고강도 (Vigorous) | 70 – 90 | 숨쉬며 얘기하기 어려움 | 달리기 | 1시간 15분 |
| 중강도 (Moderate) | 55 – 70 | 신경 써야 얘기 가능 | 조깅 | 2시간 30분 |
| 저강도 (Light) | 35 – 55 | 숨쉬며 얘기 가능 | 걷기 | |
| 초저강도 (very Light) | 35 이하 | 변하지 않음 | 천천히 걷기 | |

# 건강과 신체단련의 유용성

음 혈압을 재어보니, HIIT 방식으로 한 그룹이 다른 그룹에 비해 혈압이 50% 정도 더 떨어진 거죠. 여기에서도 어차피 운동을 한다면 HIIT 방식으로 하면 좋겠다는 생각이 드네요.

효과가 좋다고 해도 재미가 없으면 꾸준히 하기 어렵습니다. 그런데 HIIT가 운동에 재미를 느끼는 데도 더 좋다는 연구도 있습니다.[10] 운동을 멀리하던 성인들에게 HIIT와 MICT보통의 속도와 강도로 일정시간 운동하는 것를 하게 하며 6주 동안 관찰해보니, 처음 시작할 때는 운동에서 느끼는 재미 정도가 비슷하다가, 시간이 갈수록 MICT는 비슷하게 유지되거나 점진적으로 떨어지는 반면 HIIT는 확 올라갔습니다. 꾸준히 운동을 하는 저의 경험으로 봐도 이 연구의 결론에 동의가 됩니다. MICT는 좀 밋밋해서 오래하기엔 재미가 없지만, HIIT는 다이내믹해서 더 재미있었거든요. 운동을 처음 시작하는 분은 운동하는 방식도 고려해보면 좋을 듯합니다.

그러더라도 하나 걱정되는 것은 있죠. 짧은 시간이지만 높은 강도와 속도로 운동하는 HIIT 방식이 나이든 분들에게도 효과가 있을까 하는 겁니다. 그럴 수 있다는 것이 최근의 흐름으로 보입니다. 60대를 대상으로 HIIT를 적용해보았더니, 세포 내 미토콘드리아의 활성도가 올라갔다는 결과가 보입니다.[11] 미코콘드리아는 우리 세포의 에너지 공장 같은 건데, 이것의 활성도가 올라갔다는 것은 우리 몸의 전체적인 활력이 올라갈 수 있다는 해석이 가능할 겁니다. 심폐

강도 높은 운동과 휴식을 번갈아가며 하는
고강도 인터벌 트레이닝(HIIT)은
노화를 지연시키고 비만이나 고혈압 등 만성질환에도 효과를 보이며,
다른 운동보다 훨씬 더 재미를 느끼게 합니다.
게다가 나이든 분들에게 좋은 운동법이죠!

기능도 좋아지고 체지방 양도 줄어들었다는 것도 당연한 결과겠죠. 특히 남성들에게서 미토콘드리아의 활성도가 더 좋아졌습니다.

지금까지 운동을 멀리 했다고 해도 걱정할 일은 아닙니다. 60대 가운데 운동을 처음 시작하는 분들과 평생 운동을 해온 분들을 비교해보아도, HIIT 방식으로 운동하자 두 그룹 모두에서 혈압이 떨어지고 심혈관 능력이 좋아졌거든요.[12] 게다가 처음 운동하는 분들에게서 세포 속 에너지 대사를 중계하는 성장호르몬IGF-1도 증가했고,[13] 운동을 처음 한 나이든 남성들에게서 성호르몬인 테스토스테론까지 증가한다는 연구도 보입니다.[14] 이 연구 보고서를 읽을 때 떠오른 장면이 있었습니다. 백운대를 찍고 북한산성 쪽으로 하산하는데 동창회에서 온 듯한 70대로 보이는 남성들이 산을 올라가시더라고요. "허이고, 힘이 넘쳐 보이십니다!" 하고 인사를 건넸더니, 맨 뒤에 계신 분이 맨 앞의 분을 가리키며, "쟤는 지금도 부부 금슬이 말도 못하게 좋아요!" 하시더라고요.

**'내 마음대로'
처방하는 약,
운동**

모든 사람이 예외없이 나이 들고 늙어가지만, 모든 사람이 같은 정도의 노화 단계를 같은 시기에 겪는 것은 아닙니다. 왜 그럴까요? 2장에서도 소개했듯, 노화는 두 가지로 나뉩니다. 1차 노화와 2차 노화로 말이죠. 1차 노화primary aging는 유전자에까지 각인되어 있어 나이 들어가는 모든 생명체, 모든 인간이 공통적으로 겪는 것입니다. 하지만 개별적으로 보면 모든 생명체, 모든 인간이 노화하는 속도는 같지 않습니다. 이것은 제 나이쯤 되어 동창회에 가보면 바로 알 수 있죠. 그렇게 개인마다 다른 노화 속도를 2차 노화secondary aging라고 합니다. 장수 집안이 있는 것처럼 2차 노화 역시 선천적인 면이 없지 않겠지만, 그래도 후천적 환경에 따라 속도가 달라지는 건 물론입니다. 2차 노화의 속도를 좌우하는 것은 기본적으로 질병, 스트레스, 움직이지 않는 현대인의 생활습관, 안 좋은 음식, 필요 이상의 약 등에서 비롯되는 부가적인 노화입니다.

1차 노화는 우리 힘으로 막을 수 없지만, 2차

노화는 다릅니다. 2차 노화의 속도를 좌우하는 것들을 방어하는 동시에 2차 노화 자체를 방어하는 강력한 도구가 있습니다. 바로 운동입니다. 운동은 21세기 전염병처럼 퍼져가는 고혈압, 당뇨, 고지혈증 같은 대사질환metabolic disease에 맞설 수 있는 좋은 무기이기도 합니다.[15]

|  | 1차 노화 | 2차 노화 |
|---|---|---|
| 원인 | 우주의 법칙, 유전자에 각인 | 질병, 약, 생활습관, 음식 |
| 방어 | 방어 불가능 | 운동과 음식 |

〈운동은 노인들에게 약Physical activity is medicine for older adults〉이라는 논문의 제목이 눈에 띄는데, 정말 운동은 노인들에게 딱 필요한, 부작용 없는 약인 셈입니다.[16] 우리 몸의 신비한 생명활동은 우리 마음대로 할 수 없는 부분이 많습니다. 1차 노화도 그렇습니다. 불수의적involuntary으로 돌아가는 거죠. 그렇다고 다 그런 것은 아닙니다. 2차 노화처럼 '내 맘대로' 해볼 여지가 있는 부분도 있습니다. 운동은 바로 그것을 가능하게 하는 방법입니다.

나이가 들면서 근육이 줄어드는 근육위축증을 질병화하고 약으로 해결해보려는 흐름도 눈에 띕니다.[17] 그게 가능할지는 더 지켜봐야 하겠지만, 최소한 지금의 과학과 의학 수준에서는 매우 위험한 발상으로 보입니다. 우리 몸의 45~50%를 차지하며 부피와 무게가 가장 많이 나가는 근육을, 음식과 운동 같은 전체적인 생활습관이 아니라 부분적이고 단기적인 효과를 겨냥한 약으로 다룬다는 것이 또 다른 문제를 초래하지 않을까 걱정이 앞섭니다.

# 5. 치매가 걱정되면 치아를 챙기세요

**잘 씹는 것도
운동**

직업적으로 가장 큰 보람을 느끼는 순간이 있습니다. 치아가 좋지 않아 고생하시던 분들께 임플란트를 해드리고 나서, 그 분의 표정이 달라지고 몸이 달라지고 마음이 달라지는 것을 느낄 때입니다. 특히 눈이 부리부리해지면서 표정에서 자신감이 느껴질 때는 저도 덩달아 힘이 나죠. 치료 이후 삶 전체가 달라졌다고 직접 말씀하시는 분들도 있습니다.

'설마 눈이 부리부리해지기까지 하겠어?'라고

생각하시나요? 하지만 그건 저의 주관적인 느낌만은 아닙니다. 여러 연구에서 자주 보고되는 사실이죠. 눈이 부리부리해지는 것은 동공pupil의 크기가 커지는 것일 텐데, 치아를 회복하면 실제로 동공의 크기가 커집니다. 기억력을 비롯한 인지기능도 좋아지고요. 동물실험에서는 이런 면들이 더 확연하게 관찰됩니다. 보통 쥐를 대상으로 실험을 많이 하는데, 쥐의 어금니를 빼거나 연한 음식만 주었을 때는 인지기능이 확 떨어지죠.

왜 그럴까요? 치아 상태가 좋아지면 음식을 더 잘 먹고, 그래서 영양상태가 좋아질 것이라는 당연하고 자연스러운 유추 외에도 이유는 여럿입니다.

첫째, 저작운동도 중요한 운동이라는 점입니다. 운동이 정신건강에 좋은 것은 당연할 텐데, 씹는 것 역시 저작근이라는 커다란 근육을 움직이는 중요한 운동이죠. 저작근은 평균 60kg 정도의 힘을 감당할 수 있을 정도로 강한 근육이고요.[1] 예전에는 명절이 되면 차력사들이 자동차에 연결한 줄을 입에 물고 차를 움직이는 장면이 텔레비전에 자주 나왔죠. 그것 역시 강한 저작근이 있기에 가능할 겁니다. 피트니스 클럽을 다니는 분이라면 이게 얼마나 강한 힘인지 아실 겁니다. 그런데 이 힘이 운동을 하지 않아 감퇴된다면 어떻게 될까요? 당연히 정신건강 역시 위협받게 되겠죠. 다른 피트니스 운동처럼 얼굴 근육 운동 역시 뇌 신경에 직접 자극을 주고 뇌로 가는 혈류를 증가시킵니다. 저작과 표정을 담당하는 얼굴의 여러 근육 중 저작근이 가장 큰 근육이고요. 이런 저작근의 기능이 약해지면 뇌로 가는 혈류가 줄어들죠. 특히 나이 들수록 그런 현상은 더욱 확연해집니다.[2]

이런 사실은 스웨덴의 쌍둥이 등록소STR: Swedish Twin Registry에서 행한 연구를 떠오르게 하는데요.[3] 일찍이 1960년대부터 시작된 이 연구에서는 동일한 유전자를 가진 쌍둥이들을 여러 측면에서 장기간 관찰하고 있습니다. 유전적으로 동일한 조건을 가진 이들을 관찰하면서 어떤 조건이 치매에 영향을 주는지를 보았더니, 교육 연한, 소득, 키 등등도 있었지만 가장 강력한 영향을 주는 것은 치아의 개수였습니다. 치아의 개수가 적을수록 치매에 더 잘 걸린다는 거죠. 특히 젊었을 때 치아를 잃은 사람이 치매에 노출될 가능성이 훨씬 높았습니다. 스웨덴은 핀란드 등과 함께 국민의 구강 건강을 위해 치과치료를 국가 책임하에 보장해주는 것으로 유명한데, 이런 연구들이 쌓여서 그런 정책적 판단을 하지 않았을까 싶습니다.

둘째, 잘 씹으면 스트레스가 완화됩니다.[4] 운동선수들 중에 껌을 씹는 사람들이 많잖아요. 다 이유가 있는 행동인 거죠. 껌을 씹는 것이 스트레스를 낮추고 집중도를 높인다는 연구는 수북하게 쌓여 있습니다. 현대인의 스트레스는 만병의 근원이라 할 만큼 경계 대상이고, 스트레스가 높은 사람일수록 치매에 걸릴 가능성이 높아짐 역시 당연하죠.

이와 관련해 제게 상당히 흥미로웠던 연구 하나를 소개하겠습니다. 쥐 실험인데요,[5] 쥐를 꽁꽁 가둬 두는 방식으로 스트레스를 주었습니다. 그런 상태에서 4주 후에 관찰했더니 골다공증이 생겼습니다. 골밀도를 찍은 사진(아래 사진)을 보면 뼈에 구멍이 뻥뻥 뚫려 있습니다. 전혀 상관없을 것 같은 스트레스와 골다공증이 관련이 있다는 것을 보여주죠.

그런데 정말 흥미로운 부분은, 다른 쥐들에게는 같은 스트레스 받게 하면서 단단한 나무젓가락을 주어 잘근잘근 씹게 했다는 것입니다. 어떤 결과가 나왔을까요? 이들 쥐에게는 골다공증이 나타나지 않았습니다. 같은 스트레스를 받는 환경이라도 저작력을 잘 유지하

### 스트레스와 골다공증 그리고 저작력의 관계를 보여주는 쥐실험

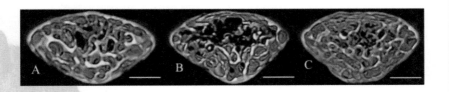

방목한 대조군 쥐(A)에 비해 스트레스를 받게 한 쥐(B)는
뼈가 많이 약해졌습니다.
그에 비해 같은 스트레스를 주면서도 나무젓가락을 잘근잘근 씹게 해
스트레스를 해소시켜준 쥐(C)의 뼈는 대조군과
거의 비슷하게 골밀도를 유지했습니다.

고 잘 씹으면 심지어 스트레스로 인한 골다공증까지 방어할 수 있다는 겁니다.

셋째, 씹는 것은 면역증진 효과까지 있습니다. 음식을 씹으면 치아를 통해서나 음식의 직접적인 자극으로 인해 잇몸에 가벼운 손상이 생깁니다. 그런데 이 손상이 오히려 구강 내 중요한 면역세포인 도움T세포T helper cell를 활성시킵니다. 물론 과유불급이라 손상이 심하거나 잇몸이 약해 입안의 세균이 혈관까지 과하게 침범하는 사태까지 생기면 곤란하겠지만, 일상의 가벼운 잇몸 자극은 오히려 면역을 증진시킨다는 거죠. 그리고 이런 면역은 당연히 뇌 건강에도 도움이 될 테고요.

이런 연구는 《동의보감》에서 권하는 양생법인 고치법을 연상시키기도 합니다. 고치는 윗니와 아랫니를 마주치는 걸 말하는데, 이렇게 하면 치근을 튼튼해진다고 권했던 거죠.

정신을 안정시킨 후에 고치叩齒를 21번 실시하고 숨을 14번 들여 쉰다. 이것을 300번 하고 멈춘다. 20일 동안 하면 사기邪氣가 모두 나가고, 100일 동안 하면 복시伏尸가 모두 없어지면서 얼굴과 몸에 광택이 난다.[6]

**치매의 요인을
밝히는
새로운 접근**

나이가 들수록 행여 치매에 이르지 않을까 하는 걱정을 하게 됩니다. 자연스러운 일이겠죠. 실제로 나이 많은 분들을 만나보면 가장 많이 걱정하시는 것이 바로 치매였습니다. 잘 알려져 있다시피, 전 세계 인류가 고령화되면서 치매가 급속하게 늘고 있으니까요. 한 통계자료에 의하면, 2050년까지 전 세계 치매 인구가 1억 명 이상이 될 것이라고 합니다.[7] 끔찍한 일입니다.

치매를 예방하고 치매에 걸린 사람을 치료하기 위한 약을 개발하기 위해 천문학적인 규모의 투자가 이루어지고 있지만, 불행하게도 2020년 현재까지 모두 실패한 상태입니다. 병원에서 치매 예방약이라고 처방하는 약도 실은 치매에 직접적인 효과가 있는 것은 아닙니다. 신경전달을 좀더 원활하게 해줄 거라는 정도의 효과만 기대하죠. 모든 약이 그렇듯 이런 약들도 부작용이 있습니다. 그래서 한 약사단체는 대부분 고령이고 대부분 이미 여러 약을 복용하는 치매환자들에게 부작용에 대한 우려가 점점 커지고 있는 치매약을 처방하는 것에 우려를 표하고 있습니

다. 환자를 더욱 위험에 빠뜨릴 수 있다며 '치매 치료제'에 의존하지 말자고 촉구하기도 하죠.[8]

지금까지 시도된 치매 치료제 개발이 실패한 이유는 무엇일까요? 가장 근본적인 이유는 치매라는 것이 기본적으로 뇌가 노화하면서 나타나는 복합적인 노화현상이라는 겁니다. 게다가 지금까지의 과학과 의학은 치매에 대해 잘못 정립된 이론에 입각해 접근해왔습니다. 이른바 아밀로이드 가설Amyloid hypothesis이라는 건데요, 이 가설은 치매로 사망한 환자의 뇌를 해부해보았더니 뇌 조직에 아밀로이드가 많이 발견되었다는 데에서 시작되었습니다. 치매를 일으키는 원인 물질을 아밀로이드로 보고, 이것이 쌓이지 않게 하거나 이미 쌓인 것을 해체하면 치매를 예방하거나 치료할 수 있다고 본 거죠.

아밀로이드 가설에 입각해 미국에서만 한 해에 2조가량의 돈을 쏟으며 시도한 연구개발은 실패로 끝나고 말았습니다. 알고 보니 아밀로이드는 항균물질이었거든요. 말하자면, 치매를 가져올 수 있는 어떤 미생물이 있었고, 아밀로이드는 이 미생물을 방어하는 와중에 쌓였던 것이죠. 사정이 이런데 아밀로이드를 원인 물질로 지목한 것은, 불 난 집에 소방차가 있으니 그 소방차를 방화범으로 지목한 격입니다. 이렇게 연관association을 원인과 결과cause & effect로 착각하는 것은 다른 많은 연구개발에서도 흔히 겪는 오류이기도 합니다.

그럼 새로운 접근법이 필요할 텐데, 이때 센세이션하게 등장한 개념이 있습니다. 입속에서 잇몸병을 일으키는 주범으로 알려진 진지발리스가 뇌를 침범하는 주요한 원인균이라는 것입니다. 이것을 밝혀낸 연구진들은 쥐 실험을 거쳐 인체를 대상으로 한 첫 번째 임상실험에서 진지발리스가 분비하는 진지페인gingipain이라는 효소가 뇌 안에서 비정상적으로 아밀로이드를 쌓이게 한다는 것을 발견했습니다. 그리고 자신들이 만든 진지페인 억제제를 주었더니 아밀로이드가 줄어들고 증상도 좋아졌다는 발표를 했죠. 지금은 이 연구결과를 바탕으로 세계적인 제약회사인 화이자가 투자한 벤처회사 코르텍자임Cortexyme에서 진지발리스를 타게팅한 치매약을 개발했고, 현재 임상 2상에 들어가 있는 상태이고요.

물론 이들의 도전 역시 다른 많은 치매약 개발처럼 실패할 가능성이 큽니다. 치매에는 워낙 다양한 요인이 있을 테고, 무엇보다 모든 생명이 불가피하게 거쳐야 하는 노화 과정에서 오는 면이 클 테니까요. 하지만 이 도전은 치매에 접근하는 방법 혹은 패러다임을 바꾸는 것이어서 의미가 있어 보입니다. 치매에 대한 아밀로이드 가설이 폐기되고, 미생물과 치매와의 연관성에 주목해야 한다는 것을 일깨우고 있으니까요. 게다가 이 연구가 지목한 진지발리스는 대단히 독특한 능력을 가진 문제아이기도 합니다.

먼저 진지발리스는 그 특유의 침습능력 때문에 혈관이나 뇌에 쉽게 접근할 수 있습니다. 심혈관 문제를 겪고 있는 환자들의 혈관을 조사해보니, 모든 환자들에게서 공통적으로 진지발리스가 발견되었습니다.[9] 그래서 진지발리스는 지방이 수동적으로 쌓여 혈관을 막는다는 과거의 심혈관 질환 이론이 무색하게 심혈관의 염증을 유발하는 주범으로 부상하고 있습니다. 이렇게 혈관을 돌던 진지발리스가 느슨해진 뇌의 방어막뇌혈액장벽, BBB을 뚫고 뇌에도 문제를 일으킬 수 있다는 유추는 논리적으로 충분히 가능해 보입니다. 심지어 진지발리스는 현재 심혈관 질환이나 치매뿐만 아니라 고혈압이나 당뇨를 만드는 데에도 일조한다는 의심까지 받고 있죠.[10]

진지발리스가 가진 능력 가운데 주목받는 또 하나는 면역회피입니다. 진지발리스뿐만 아니라 모든 세균은 우리 몸안으로 들어올 수 있지만 대부분 우리 몸의 면역세포에 의해 견제되고 퇴치됩니다. 그런데 진지발리스는 우리 몸의 면역세포를 따돌리고, 심지어 아예 면역세포 안으로 침투해 눌러 살기도 합니다.[11] 면역세포 입장에서는 참 어려운 상대일 거예요. 그런 진지발리스가 면역세포를 따돌리고 뇌에까지 침투했을 때 뇌 세포는 가용자원을 동원해 진지발리스를 견제해야 할 텐데, 그 역할을 하는 것이 아밀로이드였을 가능성도 큽니다.

진지발리스가 입속에서 잇몸병을 일으키는 주범이라는 사실과 심지어 치매까지 가져올 수 있다는 것을 기억하면, 결론은 "구강 위생 관리를 잘 하자"는 제가 늘 진료실에서 하는 말에 이르네요.

# 심혈관 염증의 주범으로 부상한 진지발리스

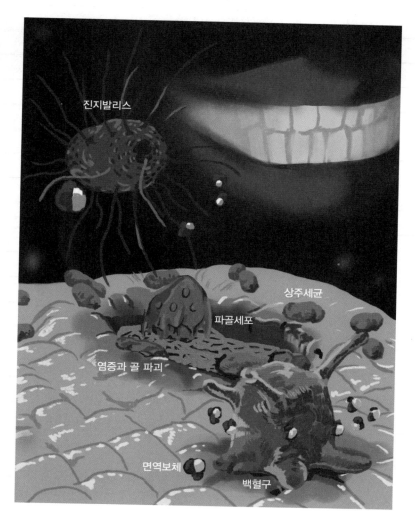

잇몸병을 일으키는 세균인 진지발리스는 특유의 침습능력과 면역회피 능력으로,
나이 들면서 약해지는 뇌의 방어막을 뚫고 뇌조직에 침투해 치매를 일으킬 수 있습니다.

# b. 나는 공부한다,
## 고로 나는 존재한다!

설날 세배를 드리면 80이 넘으신 장인어른은 손자와 손녀는 물론 50
이 지난 자식 내외에게도 봉투를 하나씩 주십니다. 봉투에는 5만 원
짜리 지폐가 들어 있습니다. 한해 동안 제가 다른 사람에게 받는 유
일한 용돈입니다. 그것만으로도 감사할 따름인데, 봉투에 든 것은
세뱃돈만이 아닙니다. 명필의 붓글씨는 아니지만 한 글자 한 글자
마음을 담아 쓰신 동양고전의 경구가 하나씩 들어 있죠. 올해 제가
받은 경구는 '유지경성有志竟成'이었습니다. "뜻이 있으면 마침내 이룬
다"는 의미입니다.

장인어른은 정규교육을 받은 기간이 짧습니다. 당시엔 그랬겠지

요. 학교를 가고 싶었는데 아버지가 못 다니게 해서 늘 아쉬우셨답니다. 그래서 자식들 다 키워놓고는 동양고전을 포함해 여러 가지를 공부하고 배우십니다. 어느 날에는 아코디언을 연습하신다며 트로트를 들려주시고, 어느 날에는 손수 키운 배추로 담그셨다며 김치를 가져다주시고, 어느 날에는 춤 배우러 나가신다며 장모님의 눈치를 살피시기도 합니다.

장인어른에 비해 제가 받은 정규교육 기간은 꽤 깁니다. 만으로 52살인 2018년에야 정규교육을 마쳤으니까요. 1985년에 대학을 들어가 33년만에 박사학위를 받았죠. 물론 그동안 학교에만 있었던 것은 아닙니다. 개원해서 병원에서 대부분의 시간을 보냈지만, 그러는 동안에도 미국 치과대학원으로 유학도 감행했고, 환경대학원에서 다른 학문도 접했고, 미생물이라는 제가 꾸준히 관심을 두고 공부해 갈 만한 주제를 만나기도 했습니다. 박사논문도 '미생물을 일방적으로 박멸하려는 항생제를 주의하자'는 주제였는데, 그마저도 탈락하기도 하며 몇 년을 끌어 겨우 통과했습니다. 그러더라도 다행인 것은 그동안 공부를 손에서 놓지 않고 마무리를 했다는 겁니다.

정규교육 기간이 짧은 장인어른과 꽤 긴 저의 공통점은 뇌가 여전히 활발히 활동하고 있다는 점일 겁니다. 그래서 요즘 사람들이 가장 겁내고 세계적으로 보아도 질병부담수준Global Burden of Disease이 빠르게 올라가고 있는 치매에 걸릴 가능성이 아마도 두 사람 다 낮지 않을까 싶습니다. 나이 먹으며 뇌세포가 조금씩 손상되어 가는 것은 당연하고, 그래서 치매의 가장 큰 위험요소는 나이듦 그 자체일 텐데, 나이 들 때까지 나름 활발하게 활동하고 있는 뇌가 이를 일정 정도 방어해줄 수 있지 않을까 싶습니다.

이와 관련해서는 오래전인 1988년에 나온 연구가 있습니다.[1] 의사들이 노령으로 사망한 137명의 뇌를 부검해보니 모두 뇌조직에 일정한 수축과 손상을 보였다는 것입니다. 뇌세포 역시 위축되어 있었고, 뇌세포간 결합인 시냅스 역시 줄어드는 것이 공통적으로 관찰되었죠. 하지만 이분들의 생존 당시 의료기록을 보면, 뇌 상태와 치매 증상의 관련 정도가 모두 다릅니다. 생전에 멀쩡하게 인지기능을 유지하며 치매와는 거리가 멀었던 사람의 뇌가 손상되고 신경세포인 뉴런의 수가 적기도 합니다. 반대로 생전에 치매가 심했던 사람의 뇌가 크고 뉴런의 수가 많은 경우도 있습니다. 말하자면, 뇌라는 하드웨어의 상태와 인지기능이나 활동이라는 소프트웨어의 상태가 꼭 일치하지는 않는다는 거죠. 이 연구는 인간이 비단 뇌나 뇌세포라는 실체에만 기대어 인지기능을 유지하는 것은 아니며 나름의 방어능력이 있다는 것을 알린 신호탄이 되었습니다. 이후 이와 관련된 연구가 많이 진행되는 계기가 되었지요.

많은 연구가 진행되며 이런 현상에 '인지보존cognitive reserve'이라는 말이 붙었습니다. 좀더 정확히 말하면, 인지보존은 뇌의 손상을 방어하는 마음의 저항력mind's resistance, 혹은 손상에도 다시 회복하는 탄력성resilience입니다. 나이 들면서 불가피한 뇌의 노화를 '나의 의지'로 방어할 수 있다는 거죠. 이 말은 저에게 큰 위안이 됩니다. 현재 저의 뇌 MRI는 영상의학과 전문의인 사촌형도 무엇인지 모르겠다며 지켜보자는 상image이 저 깊은 곳에 있는 상태이거든요.

인지보존과 비슷한 현상으로 뇌가소성brain plasticity, neuroplasticity이란 것도 있습니다. 가소성으로 번역되는 plasticity는 말랑말랑한 플라스틱처럼 무언가를 맘대로 모양을 만들 수 있다는 의미입니다. 그래서 성형수술을 영어로 plastic surgery라고 하죠. 말하자면, 뇌라는 것이 두개골이라는 단단한 뼈에 보존되어 있어 우리의 자유의지로 접근이 불가능할 것 같지만 실은 얼마든지 마음대로 성형 가능하다는 의미입니다.

실제로 뇌 가소성은 유명한 수녀 연구Nun study를 통해 확인됩니다. 다음 페이지의 사진은 매티아Matthia 수녀님이 104살 때 찍은 것입니다. 뜨개질을 좋아했던 수녀님은 치매와는 거리가 멀었습니다. 105세 생일을 몇 주 앞둔 어느 날, 수녀님은 침대 옆의 다른 수녀님께 이제 자신이 죽어가고 있다고 친척들에게 알려 달라고 부탁했습니다. 그리고 45분 후 영성체까지 마친 후 사망했습니다. 그런데 이 수녀님의 뇌를 해부해보니 뇌가 거의 손상되지 않았다고 합니다. 그 나이 대 다른 분들의 뇌 모습과는 사뭇 달랐던 거죠.[2] 늘 삶의 의미

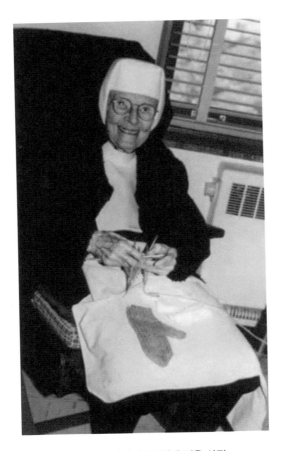

매티아(Matthia) 수녀님이 104세에 찍은 사진

이 나이에도 거의 손상되지 않은 수녀님의 뇌는
늘 삶의 의미를 되새기고
몸을 움직이며 살았던 라이프스타일이
뇌 세포의 감퇴마저 방어하며
뇌조직을 활발하게 성형해 왔다는 해석을 하게 합니다.

를 되새기고 몸을 움직이며 살았던 수녀님의 라이프스타일이 뇌 세포의 감퇴마저 방어하며 뇌조직을 활발하게 성형해왔다는 해석이 가능합니다.

매티아 수녀님을 포함해 75세부터 106세의 수녀님 678명을 1986년부터 조사한 연구들은 뇌의 물리적 변성 정도와 치매의 정도가 꼭 일치하지만은 않는다는 것도 보여줍니다. 비슷한 정도로 뇌가 위축되어 있거나 경색이 있었다 하더라도, 실제 인지기능에서는 큰 차이를 보였습니다. 예를 들어, 스스로 쓰게 한 자서전을 더 다양한 단어와 문장으로 구사해서 긍정적으로 쓴 사람이 훨씬 더 오랫동안 인지기능을 잘 유지하고 오래 살았다고 합니다.[3]

인지보존이나 뇌가소성과 함께 제게 위안이 되고 심지어 나이 듦을 기대감으로 맞을 수 있게 하는 현상이 하나 더 있습니다. 바로 그릿GRIT입니다. 성장Growth, 회복력Resilience, 내적 동기Intrinsic Motivation, 끈기Tenacity를 의미하는 영어 단어의 첫 글자를 조합해 만든 그릿은, 뭔가를 꾸준히 할 수 있는 끈기를 의미합니다. 그런데 이것이 나이 들면서 점차 증가하다가 특히 60세 전후에 대폭 증가하기 시작합니다(181페이지 도표 참조). 생물학적으로 에너지를 집중해야 할 필요성을 본능적으로 느끼는 생명체의 반응일 수도 있을 이 현상은, 개인적으로 50세를 넘기며 미생물을 중심으로 지식지도를 그려가고 있는 저 스스로 실감하고 있는 대목이기도 합니다.

지식지도, 줄여서 지도知圖라는 말은 돌아가신 신영복 선생을 떠올리게 합니다. 실제 그분께 배운 개념이기도 하고요. 선생은 감옥에서 보낸 20년을 고리끼의 〈나의 대학〉이란 글에 빗대어 대학생활이라 규정하기도 했는데, 이 역시 저의 33년 대학생활에 빗대어 돌아보는 계기가 되었습니다. 그 분은 공부를 지속하려면, 머릿속에 커다란 지식지도를 만들 필요가 있다고 권합니다. 그 권고에 따라 저역시 평생 공부할 주제를 지식지도의 형태로 그려보았는데, 그러고

나니 오늘 아침 공부를 포함해 일상의 공부가 그 지도의 어디쯤(좌표)에 있는지가 느껴지기도 했습니다. 긴 인생의 흐름과 지금의 일상이 맞닿은 기분 좋은 느낌이랄까요.

신영복 선생은 또 공부는 함께 하는 것이라고 권합니다. 공부란 어찌 보면 나의 일상, 나의 시대와 공간을 생소하게 보아야만 시작될 수 있을 듯합니다. 늘 같은 날이 반복되고 늘 만나는 모든 일이 평이한 것으로 보인다면 일상을 바꿔볼 의욕도 생기지 않을 것이고, 그러면 좋은 말을 아무리 많이 들어도 우이독경牛耳讀經처럼 스쳐 지나가는 말이 될 테니까요. 하지만 함께 하는 공부는 다릅니다. 여러 사람이 함께 한 주제에 대해 이야기를 나누다 보면 내가 포착하지 못했던 주제의 다른 측면이 포착되고, 나의 시선이 전체를 보는 통찰通察, whole picture이 아닌 한 쪽만 보는 편견偏見, partial picture일 수 있음을 느끼게 되고, 그러면 나의 일상과 시선이 더 생소해 보일 수 있기 때문입니다.

저는 이런 경험을 현재 참여하고 있는 두 개의 책 읽기 모임과 오랫동안 참여하고 있는 인문학 공부모임에서 자주 체감합니다. 같은 책을 놓고 여러 사람들과 의견을 나누다 보면, 제가 전혀 생각하지 못했던 것들을 마주하게 됩니다. 또 어떨 땐 여러 사람의 지지와 공감으로 제 생각이 옳을 수 있음이 좀더 강화되기도 하죠. 그렇게 생소함은 의미가 되고, 생소함과 생소함이 만나 의미가 확장되고, 그래서 나의 생소함의 오솔길이 의미의 대로大路가 되어가는 과정이 배움과 공부의 과정이지 않을까 싶습니다.

이와 관련된 흥미로운 동물실험이 있습니다. 쥐를 두 그룹으로 나누고, 한 그룹은 작은 우리에서 혼자 지내게 했습니다. 또 한 그룹은 큰 우리에서 다른 쥐들과 함께 지내도록 하고, 작은 미끄럼틀 같은 놀이기구도 넣어주어 함께 놀게 했습니다. 같은 사료를 주고 5주 정도 지난 후, 이들을 해부해서 뇌세포를 살펴보았습니다. 큰 우리에서 함께 지낸 쥐들의 뇌 세포가 훨씬 더 가지도 길고 크기도 컸습니다. 또 나이 들면서 새로운 뉴런이 생기는 속도가 어린 쥐보다 나이든 쥐에서 떨어지는 것은 사실이지만, 함께 놀게 했을 때는 훨씬 덜 줄어들었습니다.[4] 당연히 함께 놀게 한 쥐들이 치매에 덜 걸리겠지요.

치매는 정체성의 상실입니다. 이것이 우리 모두가 치매를 두려워하는 이유일 것이고, 질병부담 정도가 큰 이유이기도 할 것입니다. 그런 면에서 나이듦을 마주하는 데 "나는 배운다, 고로 나는 존재한다I learn, therefore, I am"는 말은 참 적절해 보입니다.[6] 배우고 공부해야 뇌 기능이 유지되고, '나의 정체성I am'을 가지고 인생을 끝까지 즐길 수 있을 테니까요. 2장(43~44페이지)에서 말한 스콧 니어링처럼 그렇게 건강하게 나의 정체성을 지키며 살다 죽음마저도 나의 의지로 받아들일 수 있으면 참 좋겠습니다.

공부나 배움의 측면에서 보자면, 100세 시대의 개막은 절대적으

# 혼자 지낸 쥐와 여럿이 함께 지낸 쥐의 뇌세포 비교

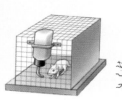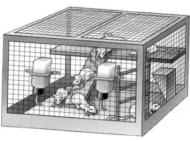

혼자 좁은 우리에 생활한 쥐의 뇌세포(왼쪽)는
넓은 우리에서 여러 쥐들을 함께 놀면서 생활한
쥐들의 뇌세포(오른쪽)보다 훨씬 위축된 모습을 보입니다.[5]

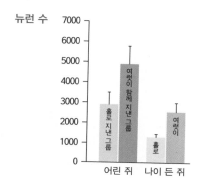

나이 들면서 새로운 뉴런이 생기는 속도는
어린 쥐보다 나이든 쥐에서 떨어지지만,
함께 놀게 했을 때는 훨씬 덜 줄어들었습니다.

로 축복일 겁니다. 공부하며 세상을 즐길 수 있는 시간이 늘어나는 것이니까요. 또 공부는 지천명知天命이라는 나이와 맥이 닿습니다. 지천명은 천명을 안다는 것인데, 하늘의 명이 달리 있을까요? 그저 자기 스스로 인생의 의미를 설정하고 그 삶을 준비하는 시간이라는 의미일 겁니다. 이는 과거에서부터 집단화되어 현재까지 연장되었고, 또 그 연장으로서 미래를 예측하는 것에서 자유로워짐을 의미할 것입니다. 신영복 선생의 말씀대로 외부의 환상으로부터 자유로워져야 본인의 길이 보일 테니까요. 그런 면에서 일상에서 얻는 배움에 대한 욕망과 실천은 지천명에 닿고 그것을 넘어가는 길이지 않을까 싶습니다.

이렇게 본다면 50이야말로 진정한 배움이 시작되는 시점이기도 할 겁니다. 50년 동안 쌓인 일정한 경험과 정보는 지천명의 의미를 나름대로 해석하고 삶을 재설정하게 할 테니까요. 그리고 50은 그렇게 쌓인 경험과 정보가 외부에서 오는 자극과 진정으로 만나는 시기일 테니까요. 이것이 제가 50 넘어까지 수행했던 33년간의 학위과정을 대학시절(배움 준비기)로 재해석하는 이유이고, 신입직원들에게 지금까지의 공부는 공부가 아니며 새로운 공부를 시작해야 한다는 얘기를 늘 하는 이유이기도 합니다.

"나는 공부한다, 고로 나는 존재한다!" 이 말이 21세기에 지천명을 맞는 많은 이들의 존재방식이 되었으면 좋겠습니다.

# 건강수명 100세, 바로 지금부터

# 1. 50대부터 시작하는 건강수명 100세

평생 병 한번 앓지 않고 건강하기만 하기는 어렵습니다. 감기에도 걸리고 생채기도 나고 입원을 해서 치료받아야 하는 일도 생깁니다. 또 미생물과 공존하는 우리 몸은 늘 외부 생명과의 상호작용과 응전을 통해 건강을 유지합니다. 그래서 중요한 것이 회복탄력성resilience입니다. 우리 몸의 평형이 흐트러졌을 때 다시 회복하는 능력을 말하죠. 정신건강 역시 마찬가지입니다. 우리 몸은 공동체에서 오는 여러 스트레스와 자극에 적절히 반응하며 마음의 평정을 유지하려합니다.

회복탄력성은 나이 들면서 점차 줄어듭니다. 우리 몸을 이루는 수

많은 세포들은 노화의 과정을 거치며 세포분열을 중단하거나 속도가 느려지고, 세포 속의 수많은 단백질의 생성과 소멸 과정도 느려져 생명활동의 회복력이 감소하죠. 그래서 나이가 들면 어제 먹은 술이 잘 깨지 않고 노안이 오거나 탈모가 생기는 현상들이 일어나죠. 정신활동의 물질적 실체인 뇌세포와 신경세포들 역시 나이 들면 점차 줄어듭니다. 기억이 감퇴되고 우울증이 늘어나고 알츠하이머나 파킨슨병이 가까이 다가옵니다. 또 혹시 내가 다른 사람을 불편하게 하지 않을까 눈치를 보고 소심해지는 것도 나이 들면서 점차 늘어가는 경향으로 보입니다.

나이듦에 따르는 회복탄력성 감퇴를 막거나 늦출 수는 없을까요? 이 문제에 대한 여러 경험적, 학술적 제안들이 있습니다. 저는 그 가운데 일상생활의 규칙성regularity, daily life routine이 갈수록 중요해 보입니다.

100세인들의 가장 큰 특징 중 하나는 식습관입니다. 먹는 양을 지키고 종류를 단순히 하고, 먹는 시간도 가능한 규칙적으로 하죠. 이런 규칙적인 생활은 우리 몸에서 이루어지는 생명활동을 일정하게 패턴화하는데요. 그러면 순차적으로 이루어질 생명활동을 미리 대비하게 해서 효율성을 높입니다. 음식을 일정한 시간에 주었더니 나중엔 음식을 주지 않아도 개가 침을 흘리더라는 파블로프의 유명한 조건반사 실험은 우리 몸에도 그대로 적용될 수 있죠. 일정한 시간에 일정한 음식을 먹는다면, 우리 몸은 침과 위액과 소화효소 분비를 미리 준비함으로써 보다 효율적으로 소화과정을 진행할 것입니다.

저는 이것을 몸으로 체험했고, 지금도 체험하고 있습니다. 아침을 거르는 하루 두 끼 먹기를 생활화하는 과정에서도 그런 경험을 했습니다. 먹는 시간을 패턴화하는 와중에 오전에 속이 불편했던 일정기간을 거쳤죠. 오전에 뭔가를 먹는 습관을 중지하니 음식이 들어올 것으로 기대하고 분비된 위산 때문이었을 것으로 짐작됩니다. 그러다 한두 달이 지난 이후부터 지금까지 오히려 아침에 무엇을 먹으면 속이 불편합니다. 음식의 종류 역시 패턴화하고 있습니다. '세상에 이렇게 맛있는 국물이 있다니…….' 감탄하며 먹던 라면 국물은 먹어본 지 오래되었습니다. 지금 생각해도 아쉽지만 짜장면은 소화시킬 자신이 없어 요즘은 먹지 않습니다. 달달한 빵이나 아이스크림의 유혹에는 아직도 쉽게 넘어가지만, 그래도 점차 줄이고 있고요.

100세인들의 또 다른 특징은 운동을 규칙적으로 한다는 것입니다. 많이 그리고 자주 움직이는 것이 건강과 활력의 유지에 꼭 필요하다는 것은 두말할 나위가 없습니다. 그러더라도 규칙적으로 하는 것은 볼거리, 할거리, 먹을거리가 널려 있는 현대 사회에서 쉽지는 않을 것입니다. 저 역시 일상을 패턴화하는 데 어려움을 겪습니다. 어제 직원들과 마신 술은 오늘 아침 알람을 끄고 다시 침대로 들어가고 싶은 유혹이 되어 패턴화를 방해합니다. 그래도 운동 패턴은

건강한 100세인들은 소식을 규칙적으로 하면서,
몸을 많이 그리고 자주 움직입니다.
건강과 활력을 유지하는 데 아주 중요하죠.

점차 규칙성을 만들어가고 있고, 조금씩 강화되고 있는 느낌입니다.
주 2~3회 등산과 주 3~4회 피트니스가 생활의 루틴routine으로 자리
잡아가고 있으니까요.

　오늘 아침에는 운동을 하는데, 돌아가신 정주영 회장이 떠올랐습
니다. 지금은 기억이 희미해지긴 했지만, 꽤 오래전에 그분의 자서
전을 읽은 적이 있습니다. 지금 떠오르는 것은 두 가지입니다. 아침

일찍 하루의 일을 모두 해놓고 출근했다는 것과 젊었을 때는 서울 시내의 많은 술집을 누비고 다녔다는 것이에요. 앞엣것은 많이 알려진 얘기지만, 젊은 정주영 회장이 술집을 누비고 다녔다는 것은 자서전에서 처음 보았습니다. 생각해보면 그분의 성정상 충분히 그럴 법한 얘기였죠. 그런데 술을 좋아하는 것과 아침 일찍 일어나는 것이 공존하기는 쉽지 않은 일입니다. 아무리 체력이 좋고 정신력이 강해도 밤 늦게까지 이어지는 술자리 다음날 아침엔 정신이 없거나 일의 효율이 떨어진다는 것은 모두가 경험하는 일이니까요. 제 짐작으로는 젊은 정주영도 마찬가지였을 거예요. 아침 일찍 하루 일을 다하고 출근하기까지는 시간이 걸렸을 겁니다. 점차 규칙성을 찾아갔을 테죠. 실제로 일상의 규칙화는 나이 들면서 점차 증가하는 것이 일반적입니다. 그리고 이런 생활리듬이 건강유지에 필요함은 물론이고요.[1] 심리적으로도 매일의 일상을 규칙화하는 것이 하루를 더 의미 있게 살아가는 지름길이기도 하죠.[2]

저 역시 그랬습니다. 일에 있어서도 인간관계에 있어서도 한창 왕성한 젊은 나이에 규칙성을 기대하기는 어려웠죠. 생활패턴을 규칙화하기에는 관심과 욕구가 너무나 다양했으니까요. 어렸을 적 방학이 되면 늘 파이그래프로 하루 계획표를 만들었지만 지킨 적은 없습니다. ≪아침형 인간≫이라는 책이 유행했을 때에도 아침에 일찍 일어나는 것을 시도했으나 성공하지 못했어요. 저녁에 흥겹게 사람들을 만나는 다양한 활동과 놀이들이 그것을 허용하지 않았죠. 생활패턴의 규칙화는 그런 관심과 욕구가 일정한 지점에 이른 이후, 그 변화를 스스로 감지하고 받아들인 이후에 가능한 일이 아닐까 합니다.

관심과 욕구의 변화, 넓게 보면 생명활동의 변화를 수용하는 것, 그것을 전제한 상태에서 새로운 삶을 시작하는 것이 '지천명知天命'이 아닐까 하는 생각도 듭니다. 생활패턴의 규칙성은 수많은 가능성과 욕구 중에서 자신의 가능성과 욕구를 찾아가는 가운데 가능하지 않을까요? 그래야 줄어드는 생명에너지를 보다 효율적으로 쓸 것이고, 그래야 회복탄력성을 유지하며 노화를 맞이할 수 있을 테니까요.

그런 시점이 언제 오느냐는 사람마다 다를 것입니다. 하지만 동양고전의 경험적 지혜를 빌리면, 그 지점이 50세 인근일 가능성이 큽니다. 지천명은 젊은 날의 그 많은 가능성 중에 자신이 집중할 수 있는 것을 발견하고 스스로 결정해가는 과정일 것입니다. 신영복 선생은 이를 40대에 젊은 날의 가망 없는 거품과 환상을 걷어내는 엽락葉落, 나무가 스스로 잎파리를 떨어뜨리고 뼈대만으로 겨울 날 준비를 하는 과정이라고 하기도 했습니다.[3]

심리학에서도 비슷한 유추를 볼 수 있습니다. 앞에서도 잠깐 언급했지만, 최근 각광받고 있는 심리학 개념 가운데 그릿GRIT: Growh, Resilience, Intrinsic motivation, Tenacity이라는 게 있습니다.[4] 단어 구성에서 보다시피 하나의 목표를 향해 꾸준히 나아갈 수 있는 열정이나 끈기를 말하는 건데요. 당연하겠지만 이렇게 할 수 있는 사람의 성취도가 높다는 거죠. 그릿을 키우려면 당연히 제가 말하고 있는 일상의 루틴을 키워야겠죠. 그런데 그릿의 정도를 나이대별로 측정해보니, 60세 전후에서 급격히 올라가기 시작했습니다. 왜 이런 현상이 일어날까요? 한편으로는 사회적으로나 생물학적으로나 일정한 능선을 넘으며 생활 에너지를 집중할 수 있는 여유가 생기기 때문이기도 하겠지만, 또 한편으로는 불필요한 환상에서 자유로워지는 염락(불혹, 40대)의 과정과 스스로의 목표로 일상을 규칙화하는 과정(지천명, 50세)을 거치기 때문이지 않을까 싶습니다. 여하튼 60세 전후에서 그릿이 대폭 높아짐을 보면서 나이듦이 또 하나의 기대감으로 다가옵니다.

## 하나의 목표를 추진하는 끈기와 열정

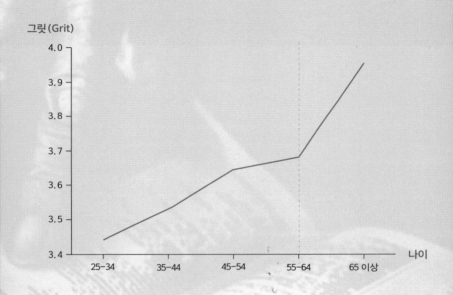

하나의 목표를 향해 꾸준히 나아가는 열정이나 끈기를 말하는
그릿(Grit)은 60세 전후에 급격하게 올라가기 시작합니다.
그릿이 높은 사람은 성취도가 높겠죠.
이런 사실은 나이듦이 또 하나의 기대감으로 다가오게 합니다.

## 2. 기대수명에서 건강수명으로

**우리가
기대하는 것은
건강한 장수**

몇 살까지 살고 싶으신가요? 이 문제를 생각해
보지 않으신 분도 있을 테고, 그저 오래 살고 싶
다고 막연하게만 생각하신 분들도 있을 거예
요. 물론 저처럼 구체적으로 '건강하게 100살까
지' 살고 싶다고 생각하시는 분도 있겠죠. 그리
고 아마도 많은 사람들이 평균수명만큼은 살 수
있을 거라는 기대를 하겠지요. 그래서일까요?
평균수명을 기대수명Life expectancy이라고도 합니
다. 좀더 정확하게 말하면, 기대수명은 한 사람

이 생존할 것으로 기대되는 평균 생존수명을 말합니다. 국가적으로는 0세를 기준으로 통계를 잡는데요, 2018년 기준 우리나라의 기대수명 혹은 평균수명이 82.7년이라면, 이것은 2018년에 태어난 아이들 32만 6,900명이 평균적으로 살 것으로 보이는 기대치를 말합니다.

하지만 우리는 단지 오래 사는 것만을 바라지는 않습니다. 건강하게 오래 살기를 바라지요. 그래서 나온 개념이 건강수명Healthspan입니다. 이것은 평균수명에서 건강상의 어떤 문제로 인해 못 움직이거나 입원, 수술 등을 해야 하거나 약을 먹어야 하는 기간을 뺀 기간을 말합니다. 좀 애매한 면이 있기는 합니다. 예컨대 고혈압이나 당뇨 등으로 약을 먹는 사람들을 생각해보죠. 실제 건강상의 어떤 문제도 자각하지 못하고 일상생활도 건강하게 잘 하지만 약을 먹고 있습니다. 이런 경우 이 기간은 건강수명에서 빼야 할까요, 넣어야 할까요? 현재 기준으로 보면, 이 기간은 제외됩니다. 그러니까 고혈압, 당뇨, 고지혈증 약을 먹기 시작하는 순간, 그 사람의 건강수명은 현재의 통계 기준으로 치면 끝난다는 것이죠.

가장 이상적인 것은 건강수명이 기대수명과 거의 일치되는 것입니다. 건강하게 살다가 어느 날 소풍을 마치듯이 세상과 작별하는 것이죠. 이러한 염원이 건강백세, 9988 같은 단어에 담겨 있습니다. 하지만 현재 통계적으로는 기대수명은 정체 상태에 들어갔고, 건강수명은 통계가 작성된 2012년 이후로 조금씩 줄어들고 있다고 합니다. 수명은 더 이상 늘지 않는데 약이나 병원으로부터 자유로운 삶의 기간은 오히려 줄어들고 있다는 것이죠.

건강수명에 대해 생각할 때마다 떠오르는 분이 있습니다. 삼성의 이건희 회장입니다. 정치적 혹은 계급계층적 입장과는 무관하게 저는 그 분이 우리 현대사에서, 특히 우리나라 제품의 세계적 경쟁력을 키우는 데 큰 공헌을 한 걸출한 인물이라고 생각합니다. 1990년대말 미국에서 유학생활을 할 때 가끔 전자상가를 갔었는데, 지금은 세계 1등 상품으로 군림하는 우리나라 전자제품을 당시만 해도 그 어디서도 찾기가 어려웠습니다. 그런데 우리 제품을 세계화한 그 분의 건강수명은 이미 끝났습니다. 수많은 기계와 연결된 채 기대수명을 연장하고 있을 그 분이 만약 의식이 있다면 얼마나 고통스러울까요? 그런 면에서 아직 건강하신데도 연명치료 포기서약을 하신 저의 장인과 장모님이 훨씬 다행스럽고 현명하게 느껴집니다. 저 역시 따르고 싶은 방향이고요.

기대수명은 인간 삶의 양적 지표입니다. 그리고 다 아시다시피 기대수명은 지난 20세기 동안 대폭 늘었습니다. 누구는 30~40년이 늘었다고 하고 누구는 거의 두 배 늘었다고 하는데요, 여하튼 38억 년 지구의 생명역사에서 단 100년 사이에 이렇게 급격히 자신의 수명을 늘린 종種, species은 달리 없을 것입니다. 인류가 그런 성취를 할 수 있었던 가장 큰 원인은 영아 사망률이 대폭 감소한 데 있습니다. 미

# 한국인의 건강수명과 기대수명 (통계청 생명표, 2017년)

일생에서 질병으로
고통받으며 지내는 시간 **17.5년**

## 평균 기대수명과 건강수명

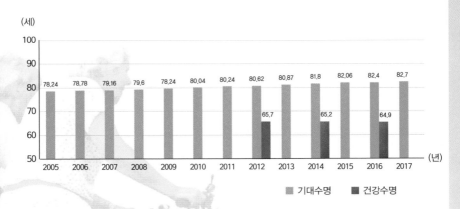

(세)

| | 기대수명 | 건강수명 |
|---|---|---|
| 2005 | 78.24 | |
| 2006 | 78.78 | |
| 2007 | 79.16 | |
| 2008 | 79.6 | |
| 2009 | 78.24 | |
| 2010 | 80.04 | |
| 2011 | 80.24 | |
| 2012 | 80.62 | 65.7 |
| 2013 | 80.87 | |
| 2014 | 81.8 | 65.2 |
| 2015 | 82.06 | |
| 2016 | 82.4 | 64.9 |
| 2017 | 82.7 | |

(년)

■ 기대수명　■ 건강수명

## 성별 기대수명, 1970–2065

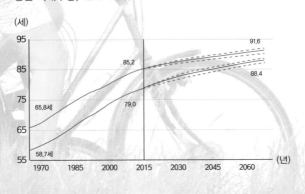

(세)

91.6
85.2
88.4
65.8세
79.0
58.7세

(년)

1970　1985　2000　2015　2030　2045　2060

— 여자　— 남자

# 1900년과 2016년 미국 여성의 사망 분포도

10만 명당 사망자 수

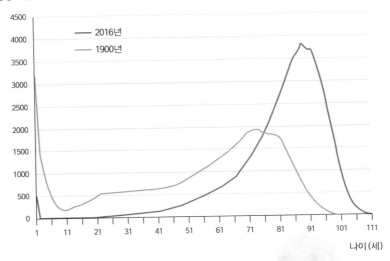

1900년과 그로부터 116년이 지난
2016년의 미국 여성 사망분포도를 비교해보면
큰 변화가 있었던 것을 확인할 수 있습니다.
2016년에는 1900년과는 비교가 되지 않을 만큼
영아 사망률이 줄었고 고령화 시대로 접어들었습니다.
20세기 전반기 동안 개선된 환경위생과 영양상태는 물론,
항생제와 백신의 발견과 발명이 이런 변화를 불러온 것이겠죠.

국 통계로만 보면, 1900년 기준으로 미국에서 태어난 아이 중 22%가 10세를 넘기지 못하고 사망했다고 합니다.[1] 우리 가족에게도 있었던 일입니다. 어머니 말씀을 들어보면 6남매인 우리 형제자매 외에도 10살을 못 넘긴 아들이 있었다고 합니다. 20세기 전반기 동안 인류는 환경위생을 개선하고, 영양을 좋게 하고, 항생제와 백신의 발견과 발명을 앞세워 면역이 약한 수많은 아이들의 수명을 지키는 데 성공한 거죠.

20세기의 성과를 바탕으로 20세기가 끝나기도 전에 인류는 고령화 시대로 접어듭니다. 그리고 노화 자체가 가장 큰 이유가 되는 암과 심혈관 질환과 같은 질병의 유병률이 늘어납니다. 1900년과 2010년의 사망원인을 대비한 도표(190페이지)를 보면, 20세기 동안 인류가 경험한 질병구조의 변화를 한눈에 알 수 있습니다. 의사이자 보건학자인 레스터Lester Breslow는 저런 변화를 바탕으로 시대를 구분합니다.[2] 감염질환이 사망원인 가운데 큰 비중을 차지하던 19세기부터 20세기 전반을 제1건강혁명 시대, 이후 심혈관 질환과 암이 주요 사망원인이 된 시기를 제2건강혁명 시대라고요. 20세기 후반까지 이어지는 제2건강혁명 시대에는 암이나 심혈관 질환의 위험요소로 지목된 나쁜 생활습관이나 고혈압·당뇨·고지혈증이 중요한 건강상의 문제로 대두되었죠. 모든 시대구분이 그러하듯 거기에는 삶의 구체적 모습이 중첩되는데, 거기에 더해 레스터가 쓴 혁명이란 단어는

# 1900년과 2010년의 주요 사망원인

10만 명당 사망자 수

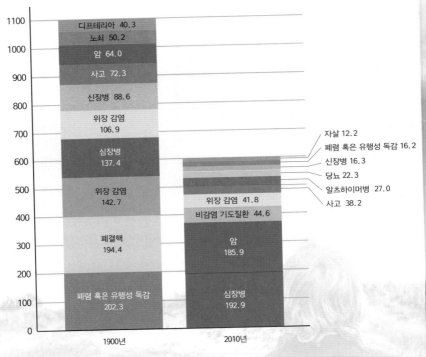

**1900년**
- 디프테리아 40.3
- 노쇠 50.2
- 암 64.0
- 사고 72.3
- 신장병 88.6
- 위장 감염 106.9
- 심장병 137.4
- 위장 감염 142.7
- 폐결핵 194.4
- 폐렴 혹은 유행성 독감 202.3

**2010년**
- 자살 12.2
- 폐렴 혹은 유행성 독감 16.2
- 신장병 16.3
- 당뇨 22.3
- 알츠하이머병 27.0
- 사고 38.2
- 위장 감염 41.8
- 비감염 기도질환 44.6
- 암 185.9
- 심장병 192.9

영아 사망률이 대폭 줄고
고령화 사회로 접어드는 동안
또 하나 눈 띄는 변화는
사망원인이 되는 질병의 변화입니다.
폐렴이나 폐결핵 같은 감염병은 줄고
심혈관 질환이나 암처럼
노화 그 자체가 가장 큰 이유인 질병이
대폭 늘었습니다.

20세기 동안 질병변화의 급격함을 포착하게 해 줍니다.

기대수명이 정체되고 있다는 통계는, 현재 진행중인 제2의 건강혁명이 일정 한계치에 와 있는 것은 아닐까 하는 생각을 하게 합니다. 질병관리를 통한 기대수명 늘리기가 거의 끝까지 왔다는 것이죠. 게다가 건강수명은 하락하고 있습니다. 이런 상황은 비단 우리나라만의 추이가 아닙니다. 세계적으로 선진국들은 거의 모두 같은 상황에 접어들고 있죠.

## 제3의 건강혁명

WHO는 이미 1948년에 건강에 대해 이렇게 정의 내렸습니다.

> 건강은 비단 질병의 유무만이 아니라, 정신적 사회적으로도 좋은 상태여야 한다.
> Physical, mental and social well-being, not merely the absence of disease and infirmity.

이것은 1986년 오타와 헌장Ottawa Charter에 이르면, 건강에서 사회적 개인적 자원이 더욱 강조되고 그런 자원들이 매일의 일상everyday life에서 이용 가능해야 한다는 것으로 한번 더 나아갑니다. 1990년대 말에는 존 로와 로버트 루이스 칸이 현재 노화 개념에서 가장 많이 거론되는 '성공적 노화successful aging'는 질병이 없고, 육체적·정신적으로 온전하며, 사회적 관계가 좋은 것, 이 세 가지 조건으로 이루어진다고 주창합니다. 이 역시 WHO의 건강 개념에서 나름의 힌트를 얻었을 것입니다. 말하자면, 건강이란 육체적 질병의 유무로만 한정할 일이 아니라 우리 일상의 총체적인 모습과 바람을 담아내야 한다는 것이죠.

하지만 '총체적 일상의 바람'이란 말은 치과의사 면허를 딴 지 30년 가까이 되어가고 의료법인의 운영자인 제게도 극히 최근에야 와닿기 시작했습니다. 아마도 두 가지 이유 때문일 것입니다. 하나는 사회 전체가 고령화됨에 따라 어떻게 나이를 먹을까에 대한 고민이 사회 전체로 퍼져가는 것이 저에게도 영향을 준 것이겠죠. 또 하나는 제가 실제로 나이를 먹어간다는 겁니다. 아무리 유능하고 현명한 의사라 해도 30대 의사라면 80~90대 노인의 삶 전체 문제를 자기화하는 지혜에 이르기는, 최소한 제 경험으로 보자면 불가능에 가깝습니다.

기대수명이 삶의 양적 지표라면, 건강수명은 삶의 질적 지표라 할

# 성공적인 노화의 구성요소

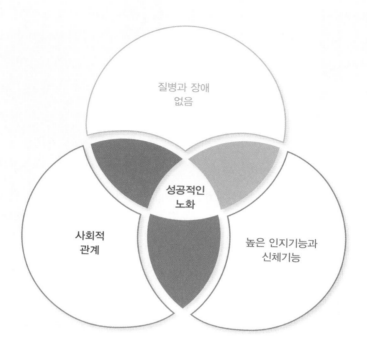

1990년대 말 존 로와 로버트 루이스 칸이 주창한
성공적 노화(successful aging)는
현재 노화 개념에서 가장 많이 거론되는데,
질병이 없고,
육체적·정신적으로 온전하며,
사회적 관계가 좋은 것으로 이루어집니다.

만합니다. 그런 건강수명이 조금씩 짧아지고 있습니다. 저의 바람으로 보나, 저의 장인 장모를 비롯한 주위 사람들을 보아도, 21세기를 살아가는 우리의 바람은 기대수명보다 건강수명의 연장에 있습니다. 그럼 어떻게 건강수명을 연장할 수 있을까요? 이 부분에 대해서는 단언할 수 있습니다. 이미 70년 전에 WHO가 정리한 건강의 원래 개념으로 돌아가야 한다고요. 상식적이고 고전적인 그 지혜로 돌아가지 않는다면, 개인이든 사회 전체든 건강수명의 연장은 쉽지 않을 것이라고요.

의료 서비스 공급자로서 느끼는 갈등은 있지만, 저는 건강수명이 낮아지는 이유들 가운데 의료 공급자들의 경쟁이 일으킨 과도한 의료화medicalization, 글로벌 제약회사들이 선도하는 과도한 약물화phamaceuticalization도 한자리를 차지하고 있다고 생각합니다. 우리가 부작용에도 불구하고 불가피한 약을 먹는 것은 궁극적으로는 건강수명을 늘리려 함이고, 그게 아니라면 최소한 기대수명이라도 늘리려 하는 것이죠. 하지만 통계치로만 보면 결과는 정반대입니다.

20세기 동안 호모 사피엔스가 일군 과학적 의학적 성과는 놀라운 것이지만, 저는 스스로 책임지고 가꾸어야 할 건강을 과학과 의학에 기대는 정도가 적정치를 넘어섰다고 생각합니다. 앞에서도 소개했지만, 이유 모르는 통증에 시달리시던 80대 후반의 제 어머니가 진통소염제 주사를 마다하며 하신 말씀을 저는 잊지 못합니다. "야야,

안 맞을란다. 자꾸 아프다고 주사를 맞으니, 내 몸이 거기에 적응되는 것 같다. 좀 걸어보고 운동하면서 지내볼란다." 저는 이런 태도가 생명의 본모습에 가깝다고 생각합니다.

WHO의 건강에 대한 접근이 실제로 구현되려면, 개인이든 국가적으로든 사회적으로든 한번쯤은 시각이 바뀌고 그에 따른 구체적인 경험이 쌓여가야 합니다. 스스로의 책임과 권리로 자신의 건강을 챙기고 그 결과로 노년에 이르러서도 자유롭게 운동하고 사회적 활동을 통해 기쁨을 얻는 삶을 레스터는 건강에서의 제3의 혁명이라 말합니다.[3]

1900년대와 현재의 건강과 관련된 지표와 지향

|  | 1900 | 현재 |
|---|---|---|
| 10세 이하 영유아 사망률 | 22% | 4% |
| 가장 큰 문제 | 감염병 | 노화 관련 만성질환 |
| 평균수명 | 30년 이상 늘어남 | 거의 정체 |
| 목표 | 기대수명 증가 | 건강수명 증가 |
| 건강 | 주로 육체적 | 육체 · 정신 · 사회적 |
| 방법 | 환원주의와 분자생물학에 기반한 약물 | 음식 운동 등 전체적인 라이프스타일 |

# 3. 나는 자연산이다

요즘 저는 농사에 도전하고 있습니다. 제가 사는 일산에서 오랫동안 유기농 주말농장을 운영하고 계신 분을 사부로 모시고, 5평 작은 밭에 상추를 비롯한 채소 몇 가지를 심었습니다. 봄에 심었는데 여름이 다가오자 빠르게 자라는 녀석들이 참 신기하고 대견하기도 합니다. 특히 직접 뜯어먹는 상추는 맛이 참 좋습니다. 사각사각한 식감과 싱그러운 향이 그대로 입에 전달됩니다.

주말농장을 시작할 즈음에 병원 한 쪽에는 상추박스를 설치했습니다. 도시에 사는 사람들이 실내에서 직접 채소를 키워 먹을 수 있도록 배양영양소를 넣은 작은 박스에 전기로 빛을 만들어주어 키우

유기농 주말농장의 작은 밭에 심은 채소들로 장마가 시작되기 전까지 식탁이 풍성했습니다.

는 것이죠. 그 원리가 신기해 직접 보겠다는 생각으로 설치했는데, 여기에서도 채소들은 쑥쑥 자라 틈틈이 뜯어 점심 식판에 올립니다. 그런데 같은 상추라도 맛과 질감이 많이 다릅니다. 유기농 상추가 식감도 뛰어나고 맛이 깊고 싱싱한 반면, 식물박스 상추는 부드럽기는 하지만 식감이 떨어지고 맛도 밋밋합니다.

이 채소들을 보면서 생각하게 되었습니다.

나는 유기농 상추일까, 식물박스 상추일까? 자연의 에너지를 있는 그대로 담은 자연산일까, 온실 속의 화초 같은 양식산일까? 혹은 그 무엇이길 바라며 그것처럼 살고 싶어하는가?

어렸을 적 저는 친구들과 논두렁에서 개구리를 잡아 구워 먹었고, 어른들이 건네는 뱀고기나 뒷산에서 잡은 고라니의 피를 눈을 찡그리면서도 받아먹었습니다. 4km 떨어진 학교를 친구들과 오가며 냇가에서 붕어를 잡아먹기도 했죠. 뒷산을 오가며 칡뿌리를 캐 먹고, 친구들과 우리집 고구마 밭을 서리하기도 했습니다. 겨울에는 어른들이 바다에서 김을 뜯어 말리는 작업을 거들기도 했고요. 10살 때 서울에 오기 전까지 그랬습니다.

지금의 저는 고기가 생각나면 수많은 고기 메뉴에서 고를 수 있지만, 대부분 닭고기, 돼지고기, 소고기로 요리한 것입니다. 회를 먹고 싶을 때에도 마찬가지죠. 광어나 우럭 같은 몇 가지 중에서 골라야 합니다. 이름 모를 수많은 나물과 생채 채소가 철마다 다르게 오르던 예전 밥상과는 달리 지금은 시금치와 양상추 같이 철을 가리지 않고 나오는 채소들이 대부분을 차지합니다. 뭐라 표현하기 어려운 칡뿌리의 쌉사름하면서도 고소한 맛을 본 지도 오래되었습니다.

인류 전체로 보아도 식재료dietary diversity의 다양성은 과거에 비해 눈에 띄게 빈약해졌습니다. UN의 식품농업기구Food and Agricultural

Organization에 의하면, 21세기 인간은 거의 30만 종에 달하는 식용채소 가운데 200~150개만 먹고, 이 가운데 단 3개의 식물(쌀·밀·옥수수)에서 60% 가까운 에너지를 얻고, 전체 음식의 75%가 12종의 식물과 5종류의 동물에 의해서만 만들어진다고 합니다. 게다가 이들 식재료의 대부분은 인간이 만든 조건에서 정해진 먹이만 먹고, 항생제와 제초제를 써가며 생산효율을 높인 대량생산 체제에서 생산됩니다. 그 때문에 닭을 포함한 6종의 가금들은 매월 알을 낳는 능력을 잃어버려 전체 가금의 30%가 멸종위기에 있고, 식물의 유전적 다양성은 이미 75%가 사라져버렸다고 합니다.

UN의 식품농업기구가 이런 내용의 보고서를 발간한 것은 2004년이었으니, 그로부터 15년이 지난 지금은 어떨까요? 그동안 유전자조작GMO이 더 활발해졌으니 지금은 그 수가 훨씬 더 줄어들었을 것입니다.

지난 50년 동안 저 개인에게나 우리나라 전체적으로나 식재료의 종류는 비교할 수 없을 정도로 줄었습니다. 전 세계적 수준으로 보아도 농축산물의 종류와 음식물의 다양성은 확연하게 줄어들고 있고요. 농업과 사육에 도입된 생산효율과 이를 위해 사용되는 항생제나 제초제, 그리고 이들 약에 견디면서도 인간의 욕망을 충족시켜줄

수 있는 생명의 선별이 농업의 다양성을 줄이는 압력으로 작용하고 있습니다.[1]

토종 닭은 양계장 닭에 비해 비싸고, 양식 광어보다 자연산 광어가 훨씬 더 비쌉니다. 산삼은 인삼과는 비교가 안 되는 가치와 가격을 쳐주죠. 왜 그럴까요? 맛도 좋겠지만, 그것 때문만은 아닐 것입니다. 부여하는 가치가 다르고 가격이 차이 나는 것은 야생에서 자랐다는 데서 비롯된 것이겠죠. 먹이를 찾지 않아도 주어지고 병적 세균을 차단하는 항생제와 제초제 같은 약물에 의존해 인간이 만든 생육조건 아래 자라는 것과, 스스로 먹을 것을 찾고 주위 생명과의 생존경쟁에서 살아남아야만 하는 야생에서 자라는 것은 다를 수밖에 없습니다. 그것에 대한 가치부여인 것이죠.

과학적으로 보아도 야생에 대한 이런 가치부여는 충분히 타당합니다. 항생제와 제초제 없이 살아남은 자연산 광어와 산삼과 토종닭이 면역력을 포함한 생존능력이 높은 것은 당연합니다. 동일한 유전자라도 스스로 경쟁에서 살아남은 생명의 유전자 발현 능력이 다르다는 것을 후성유전학epigenetics이 확인해주고 있습니다. 우리가 자연산 음식을 비싼 돈을 주고라도 구해 먹으려는 것은, 그런 야생적 면역물질과 생명력을 섭취해 스스로를 보호하려는 동물적 본성의 표현일 것입니다.

미생물을 보아도 야생과 양식은 다릅니다. 인간이 만든 생육조건

아래 자라는 동식물은 미생물의 다양성도 떨어지죠. 태평양에서 잡은 새우와 양식 새우의 마이크로바이옴을 비교했을 때,[2] 미생물의 종류가 많이 달랐을 뿐만 아니라 자연산 새우에 살고 있는 세균들이 훨씬 더 다양한 종 분포를 보였습니다. 태평양이라는 가늠할 수 없이 다양한 변수의 야생적 조건이 제거되고, 거기에 오히려 항생제와 제초제가 첨가된다면 미생물의 다양성이 현저히 떨어질 수밖에 없는 것도 당연지사겠죠.

그럼 우리는 어떨까요? 우리는 자연산일까요, 양식일까요? 혹은 무엇이길 원할까요? 면역이 약한 영유아와 같은 조건이라면, 안 좋은 상태를 넘기기 위해 잠시 약에 의존할 수도 있을 것입니다. 하지

### 후성유전학

태어날 때부터 물려받은 유전자는 바꿀 수 없지만, '나'라는 존재는 고정되어 있는 것이 아닙니다. 내가 겪는 수많은 경험과 노력, 인내와 의지에 의해서 바뀌지요. 나의 염원에 의해 환경이 바뀌고, 그 환경에 의해 내가 바뀝니다. 나는 유전자에 의해 운명이 결정되어 있는 것이 절대 아닙니다. 다양한 환경에서 생명을 유지하기 위한 후천적 반응이 동일한 생명체의 특정 유전자를 작동하게 하거나 작동하지 않게 할 수도 있습니다. 이것을 연구하는 학문이 후성유전학(epigenetics)입니다. 그렇게 되면, 외부로 드러나는 나의 모습(표현형)이 달라지고, 이것들은 나의 자식들에게도 유전될 수 있습니다. 높은 나무 위의 열매를 따먹기 위해 후천적으로 목이 길어진 기린의 목은 유전되지 않는다는 다윈이나 멘델의 '공식적인' 유전학이 도전받고 있는 중이죠. – 《미생물과의 공존》에서 요약 정리

만 우리 인간은 스스로 견디며 조절해야 할 조건에서도 항생제를 포함해 수많은 약으로 스스로를 양식 환경에서 자란 동식물과 비슷한 처지로 만듭니다. 또 항생제와 제초제를 이용해 미생물의 다양성이 떨어지는 식재료를 키워 음식을 만들어 먹습니다.

인간이 사는 곳도 점점 더 양식 환경에 가까워지고 있습니다. 도시화가 진행될수록, 삶의 공간이 안락해질수록 인간은 더 취약해지죠. 서울에 사는 아이들은 시골에 사는 아이들에 비해 아토피나 천식에 훨씬 더 많이 노출됩니다. 도시화가 급격히 진행된 지난 한 세대 동안 증가한 아토피만큼 급증한 질병이 역사상 있었을까 싶을 정도입니다. 어른들이라고 다르지 않습니다. 심지어 운동하는 곳도 자연이 만들어 놓은 산을 뒤집고 깎아내서 만듭니다. 골프장, 스키장 같은 것들이 그렇게 만들어졌죠. 인간이 스스로 만든 이런 조건들이 병으로부터 자유로운 건강수명이 점차 줄어드는 이유가 아닐까 싶기도 합니다.

생태계의 다양성이 생태계의 건강성을 높입니다. 또 당연한 말이지만, 건강한 생태계는 흔들리더라도 다시 건강성을 회복하는 복원력이 강합니다. 우리 몸 안의 생태계를 이루는 마이크로바이옴microbiome도 다양해야 건강하고 복원력이 강할 수밖에 없죠.

그래도 다행인 것은 우리 몸 미생물의 대표격인 장내 세균은 우리가 먹는 음식으로 바꿀 수 있다는 것입니다. 오늘 우리가 먹는 것이

내일 우리 몸 미생물을 바꿀 수 있다는 연구가 우리에게는 위안이고 희망입니다.[3]

그렇게 저는 자연산으로 살면서 나이 들고 싶습니다. '내 밖의 우주'인 자연과 '내 안의 우주'인 미생물과 더불어 말입니다.

생소함과
포괄적 시선으로 보는
나이듦

지금 제가 글을 쓰고 있는 컴퓨터 모니터 한 쪽에는 학술저널 창이
떠 있습니다. 저널 창 안에는 작은 광고판 같은 것이 있는데요, 거기
에는 그 글의 영향력 지수IP: impact factor를 나타내는 숫자 5.217이 깜
박입니다. 많이 인용되는 논문을 읽으라는 광고성 멘트도 오갑니다.
다른 저널이 그 글을 얼마나 인용하는지 카운팅해 보여주는 영향력
지수는 그 저널의 힘을 나타내는 수이기도 한데, 뭔가 으스대는 느
낌도 듭니다. 5.217이 얼마나 높은 수인지는 모르겠으나, 깜박거리
는 저 수치는 우리 시대 가장 높은 수준의 지식광장인 학술지마저도
경쟁의 구도 안에 있음을 말해줍니다.

흔히 말하는 학술 분야academic field에 들어와 학위과정을 밟으며 교과서가 아닌 논문을 직접 보기 시작했을 때, 조금 의아한 대목이 있었습니다. 〈셀Cell〉, 〈사이언스Science〉, 〈네이처Nature〉 같은 세계적인 권위를 자랑하는 저널들이 모두 상업적 회사에서 발간된다는 점입니다. 글의 원문을 보려고 하면 돈을 내라는 메시지가 바로 뜹니다.

이제는 그런 상업성에 익숙해졌지만, 처음에 저는 이런 권위있는 과학 학술지는 국가나 공공단체가 운영하는 공적인 기관에서 발행할 것이라고 막연히 짐작했습니다. 그래야 공정이나 권위가 있을 수 있다고 생각했던 듯합니다. 그런데 아니었습니다. 심지어 최근에는 학술지를 발간하는 출판사들이 학술지를 많이 구독하는 대학도서관에 워낙 비싼 약탈적 구독료를 요구해서 문제가 되기도 했습니다.

20년 전쯤 미국에서 유학하는 동안 돈에 대한 그네들의 인식이 상당히 개방적이라고 느꼈던 기억이 납니다. 당시 우리나라는 IMF를 겪으면서 돈에 대한 관념이 바뀌는 중이었죠. "부자되세요~"라는 당시 광고 카피가 말해주듯이 돈에 대한 스스럼없는 욕망이 터져 나오기 시작했습니다. 그전까지만 해도 술자리에서조차 돈 얘기를 지금과 같은 뉘앙스로 꺼낸다면 천박하다는 인식이 강했는데 말이죠.

이제는 저 역시 돈과 일상생활의 경계가 희미해졌습니다. 저만 그런 것은 아닐 겁니다. 이제 돈은 우리 사회 모든 영역에 자신의 논리로 침투해 있습니다. 제가 어렸을 적 설날 덕담은 '훌륭한 사람이 되라'는 것이었는데, 지금은 '돈 많이 벌어라'로 바뀌었으니까요. 말 그대로 자본주의로 사회 모든 영역이 일원화된 거죠. 사람의 건강과 생명을 다루는 병원에서도 매출액이라는 표현이 자리잡은 지 오래인데, 이 경영학적 표현은 매우 정확하게도 돈을 가리키는 것이어서 병원 역시도 돈 버는 곳이라는 것을 분명히 드러내고 있습니다.

5.217이라는 수치는 그렇게 전일화해 가는 돈의 논리에서 학술 분야 역시 자유롭지 않다는 것을 보여줍니다. 대학이나 연구소에서 이루어지는 연구의 주된 인센티브는 정부의 연구예산입니다. 모두 그 연구예산을 따내는 데 유리한 주제와 시기와 전략까지 논의합니다. 심지어 산업계과 학술계가 협력하는 연구, 이른바 산학연이 예산을 따는 데 더 유리하다면서 정치적 용어로만 알았던 합종연횡을 반복하기도 합니다. 저 역시 정부예산을 따기 위한 프레젠테이션 장에서 그 전에는 한번도 보지 못한 대학의 한 교수와 만난 적이 있습니다. 결국 선정에서 떨어진 우리는 그 이후 한 번도 만나지 않았을 뿐만 아니라 연락조차 해본 적이 없습니다.

학술의 장이 돈의 논리로 전일화해 가는 흐름은 생명과학과 의학에서도 별반 다르지 않습니다. 다른 영역에 대해서는 잘 알지 못하지만, 최소한 제가 공부하고 있는 이곳의 흐름은 분명해 보입니다. 예를 들어볼까요? 앞에서도 인용한 얼마전에 있었던 아스피린 연구는, 아스피린이 나이 든 사람들의 심혈관 질환을 예방하는 데 별반 효과가 없으며 오히려 암을 더 만들 수 있다는 결론을 냈습니다. 이 연구는 그간 무수히 발표되었던 여러 아스피린 찬사 연구를 뒤집는 것이었죠. 이후 이 연구 결과는 학술 분야를 넘어 상업적 영역과 개인 삶의 영역에까지 대단한 파괴력으로 영향을 미치고 있고요. 이전에 나온 많은 찬사 연구결과를 발표한 저자들과 아스피린의 제조회사 바이엘 간에 실제 돈의 흐름이 있었는지는 알 수 없지만, 여러 논문들의 말미에 "이 연구는 바이엘의 펀드를 받아 진행되었다"는 문구가 붙어 있는 것도 사실입니다. 최소한 아스피린의 예는 과학적 방법을 차용한 연구결과일지라도 마냥 중립적일 수는 없음을 보여줍니다.

무엇보다 소중한 몸과 건강에 영향을 미치는 여러 학술적 판단에 돈의 기운이 엿보이는 예는 많습니다. 2002년 콜레스테롤의 기준치를 내려서 수많은 고콜레스테롤 환자를 양산했던 미국 심장협회의 가인드라인이 바뀔 때, 그런 판단을 한 위원회에 참여했던 멤버 중 여러 명이 콜레스테롤 저하제인 스타틴을 만드는 회사에서 직간접적으로 여러 물질적 호의를 받아왔다는 사실은 매우 유명합니다.

실은, 생명공학, 의학, 아니 우리의 생명과 건강 그 자체에 자본주의적 욕망이 서리게 된 것은 20세기 내내 강화되어온 것으로 보입니다. 특히 20세기 후반 유전자가 발견되고, 그것의 공학적 변형이 가능해지면서 생물학은 생명과학을 넘어 생명공학으로 변화됩니다.

그리고 그 변화과정 곳곳마다 돈의 욕망이 개입된 것은 물론이고요. 생명공학 기업들은 인간의 유전자에조차도 자신들의 특허를 들이대며 독점적 돈의 아성을 구축하고 확장해가고 있습니다.

이런 흐름에서 지식과 지혜를 구분한 법륜 스님의 지적은 과학자들과 의사들에게도 전적으로 옳아 보입니다. 현대의 지식은 분절화되어 있습니다. 그리고 그 지식에는 자본주의적 욕망이 서려 있죠. 분절된 지식이 많다고 해서 지혜가 만들어지는 것은 당연히 아닙니다. 통으로 꿰뚫어본다는 뜻의 통찰은 전후좌우, 과거·현재·미래를 두루 볼 수 있어야 가능할 텐데, 현대의 지식은 그러지 못합니다. 그런데도 분절적 지식들이 우리의 몸과 일상에 강력한 영향을 미치고 있죠. 대표적으로 전혀 아프지도 않고 증상이 없는데도 평생 약을 먹어야 한다고 권하는, 만성질환을 대하는 현대의학이 그래 보입니다.

저는 이 책을 그런 현대의학의 의료화가 매우 생소해 보인다는 문제제기로 시작했습니다. 그리고 생소함을 넘어 좀더 포괄적인 시선으로 우리 몸과 나이듦을 바라보자는 취지로 여러 자료들과 제 몸을 소재로 나름의 근거를 모으고자 했습니다. 물론 이렇게 얘기하는 저 역시 가치 중립적일 수는 없을 것입니다. 다만 하나의 시선이겠지요. 그러더라도 이 책의 내용들이 현재 주류를 형성해가고 있는 분자생물학적 현대 의료를 오히려 생소하게 바라보는 다른 시선만이라도 될 수 있다면 좋겠습니다. 그래서 스스로 공부하면서 생활습관을 개선하여 건강하게 나이 들어가는 길에 참고할 만한 하나의 힌트라도 되면 더할 나위 없겠습니다.

감사합니다.

# 참고문헌

## 1장. 문제제기, 의료화

1. Mansi, I., et al. (2015). "Statins and New-Onset Diabetes Mellitus and Diabetic Complications: A Retrospective Cohort Study of US Healthy Adults." Journal of General Inte2rnal Medicine 30(11): 1599-1610.

2. Abramson, J. D., et al. (2013). "Should people at low risk of cardiovascular disease take a statin?" 347: f6123.
   스티븐 시나트라, 조. (2017). 콜레스테롤 수치에 속지 마라, 예문아카이브.

3. DuBroff, R. and M. de Lorgeril (2015). "Cholesterol confusion and statin controversy." World journal of cardiology 7(7): 404-409.

4. 생로병사의 비밀, 콜레스테롤의 누명, KBS2, https://www.youtube.com/playlist?list=PLk1KtKgGi_E4ICtkYSK_DHXkY-NtnuCfr;

5. Dr. Maryanne Demasi, 'Statin Wars: Have we been misled by the evidence?', https://www.youtube.com/watch?v=BzTjPuikhQE

6. Ravnskov, U., et al. (2018). "LDL-C does not cause cardiovascular disease: a comprehensive review of the current literature." Expert Rev Clin Pharmacol 11(10): 959-970.

7. Ravnskov, U., et al. (2016). "Lack of an association or an inverse association between low-density-lipoprotein cholesterol and mortality in the elderly: a systematic review." 6(6): e010401.

8. G. Baggio, et al. (1998). "Lipoprotein(a) and lipoprotein profile in healthy centenarians: a reappraisal of vascular risk factors." 12(6): 433-437.

9. Le Fanu, J. (2018). "Mass medicalisation is an iatrogenic catastrophe." BMJ: British Medical Journal (Online) 361.

10. http://health.chosun.com/site/data/html_dir/2016/12/06/2016120601933.html

11. https://www.edaily.co.kr/news/read?newsId=02801126622589288&mediaCodeNo=E

12. 콘래드, 피. (2018). 어쩌다 우리는 환자가 되었나, 후마니타스.

13. https://www.who.int/news—room/fact—sheets/detail/cardiovascular—diseases—(cvds)

14. https://blog.naver.com/hyesungk2008/221549309776

# 2장. 나이듦, 어떻게 바라볼 것인가?

## 1. 나이듦에 대한 상반된 시선

1. https://www.nature.com/news/scientists—up—stakes—in—bet—on—whether—humans—will—live—to—150—1.20818

2. https://www.nature.com/articles/d41586—019—02667—5

3. https://icd.who.int/browse11/l—m/en#/http://id.who.int/icd/entity/835503193

4. The, L. D. E. J. T. l. D. and endocrinology (2018). "Opening the door to treating ageing as a disease." 6(8): 587.

5. https://www.eurekalert.org/pub_releases/2018—07/brf—who070218.php

6. Franceschi, C., et al. (2017). "Inflammaging and 'Garb—aging'." Trends in Endocrinology & Metabolism 28(3): 199—212.

7. McNeil, J. J., et al. (2018). "Effect of aspirin on disability—free survival in the healthy elderly." New England Journal of Medicine 379(16): 1499—1508.

8. Basile, G., et al. (2012). "Healthy centenarians show high levels of circulating interleukin—22 (IL—22)." 54(3): 459—461.

G. Baggio, et al. (1998). "Lipoprotein(a) and lipoprotein profile in healthy centenarians: a reappraisal of vascular risk factors." 12(6): 433—437.

9. Kraus, W. E., et al. (2019). "2 years of calorie restriction and cardiometabolic risk (CALERIE): exploratory outcomes of a multicentre, phase 2, randomised controlled trial." The Lancet Diabetes & Endocrinology 7(9): 673—683.

10. Masoro, E. J. (2010). History of caloric restriction, aging and longevity. Calorie Restriction, Aging and Longevity, Springer: 3−14.

11. 《東醫寶鑑》內景篇卷之一 〉身形〉單方 〉菖蒲

12. Hatori, M., et al. (2012). "Time−Restricted Feeding without Reducing Caloric Intake Prevents Metabolic Diseases in Mice Fed a High−Fat Diet." Cell Metabolism 15(6): 848−860.

## 2. 99세까지 88하게 사는 것은 가능하다!

1. Fries, J. F. J. C. g. and g. research (2012). "The theory and practice of active aging." 2012.

2. Fries, J. F., et al. (2011). "Compression of morbidity 1980−2011: a focused review of paradigms and progress." Journal of aging research 2011: 261702−261702.

3. Idler, E. L. and Y. Benyamini (1997). "Self−rated health and mortality: a review of twenty−seven community studies." J Health Soc Behav 38(1): 21−37.

4. Wu, S., et al. (2013). "The relationship between self−rated health and objective health status: a population−based study." 13(1): 320.

5. Jopp, D. S., et al. (2016). "Physical, cognitive, social and mental health in near−centenarians and centenarians living in New York City: findings from the Fordham Centenarian Study." BMC geriatrics 16(1): 1.

6. Jeremy Greene (2017), Prescribing by Numbers.

7. Nortin M. Hadler (2007), The Last Well Person: How to Stay Well Despite the Health−Care System Paperback.

8. Mari, D., et al. (1995). "Hypercoagulability in centenarians: the paradox of successful aging." Blood 85(11): 3144−3149.

9. McNeil, J. J., et al. (2018). "Effect of aspirin on disability−free survival in the healthy elderly." New England Journal of Medicine 379(16): 1499−1508.

10. Chakravarty, E. F., et al. (2008). "Reduced disability and mortality among aging runners: a 21−year longitudinal study." Archives of Internal Medicine 168(15): 1638−1646.

11. Fries, J. F. J. C. g. and g.research (2012). "The theory and practice of active aging." 2012.

12. Rowe, J. W. and R. L. Kahn (1997). "Successful aging." The Gerontologist 37(4): 433-440.

# 3. 생명 그리고 노화란 무엇인가?

1. 브라이슨, 빌. (2003). 거의 모든 것의 역사, 399쪽, 까치.

2. 슈뢰딩거, 에. (2020). 생명이란 무엇인가, 한울과학문고.

3. Frost, H. M. (1994). "Wolff's Law and bone's structural adaptations to mechanical usage: an overview for clinicians." Angle Orthod 64(3): 175-188.

4. Nelson, M. E., et al. (1994). "Effects of high-intensity strength training on multiple risk factors for osteoporotic fractures: a randomized controlled trial." 272(24): 1909-1914.

5. König, M., et al. (2018). "Polypharmacy as a risk factor for clinically relevant sarcopenia: results from the Berlin Aging Study II." 73(1): 117-122.

6. Yeung, S. S., et al. (2019). "Sarcopenia and its association with falls and fractures in older adults: a systematic review and meta□analysis." 10(3): 485-500.

7. Huizer-Pajkos, A., et al. (2016). "Adverse geriatric outcomes secondary to polypharmacy in a mouse model: the influence of aging." 71(5): 571-577.

8. Takimoto, T., et al. (2018). "Effect of Bacillus subtilis C-3102 on bone mineral density in healthy postmenopausal Japanese women: a randomized, placebo-controlled, double-blind clinical trial." 18-006.

# 4. 노화의 여러 특질과 염증, 그리고 적절한 위생

1. López-Otín, C., et al. (2013). "The hallmarks of aging." Cell 153(6): 1194-1217.

2. Aydin, Y. (2018). Antiaging strategies based on telomerase activity. Molecular Basis and Emerging Strategies for Anti-aging Interventions, Springer: 97-

109.

3. Kolovou, G. D., et al. (2014). "We are ageing." 2014.

4. Franceschi, C., et al. (2017). "Inflammaging and 'Garb—aging'." Trends in Endocrinology & Metabolism 28(3): 199—212.

5. Arai, Y., et al. (2015). "Inflammation, but not telomere length, predicts successful ageing at extreme old age: a longitudinal study of semi—supercentenarians." 2(10): 1549—1558.

6. Ishida, N., et al. (2017). "Periodontitis induced by bacterial infection exacerbates features of Alzheimer's disease in transgenic mice." 3(1): 1—7.

7. Khan, S. S., et al. (2017). "Molecular and physiological manifestations and measurement of aging in humans." Aging Cell 16(4): 624—633.

8. Bordenstein, S. R. and K. R. Theis (2015). "Host biology in light of the microbiome: ten principles of holobionts and hologenomes." PLoS Biology 13(8): e1002226.

9. Wang, P., et al. (2010). "Robust growth of Escherichia coli." Current biology : CB 20(12): 1099—1103.

10. Minciullo, P. L., et al. (2016). "Inflammaging and Anti—Inflammaging: The Role of Cytokines in Extreme Longevity." Arch Immunol Ther Exp (Warsz) 64(2): 111—126.

11. Franceschi, C., et al. (2007). "Inflammaging and anti—inflammaging: A systemic perspective on aging and longevity emerged from studies in humans." Mechanisms of Ageing and Development 128(1): 92—105.

# 3장. 기대수명 100세를 위하여

## 1. 음식이 약이 되게

1. Ghosh, T. S., et al. (2020). "Mediterranean diet intervention alters the gut microbiome in older people reducing frailty and improving health status: the NU—AGE 1—year dietary intervention across five European countries."

gutjnl−2019−319654.

2. Sho, H. J. A. P. j. o. c. n. (2001). "History and characteristics of Okinawan longevity food." 10(2): 159−164.

3. DiNicolantonio, J. J. and J. H. O'Keefe (2018). "The introduction of refined carbohydrates in the Alaskan Inland Inuit diet may have led to an increase in dental caries, hypertension and atherosclerosis." 5(2): e000776.

4. Park, S. C. (2016). "Ethnic food for longevity pursuit: assessment of Korean ethnic food."

5. Takimoto, T., et al. (2018). "Effect of Bacillus subtilis C−3102 on bone mineral density in healthy postmenopausal Japanese women: a randomized, placebo−controlled, double−blind clinical trial." Bioscience of microbiota, food and health 37(4): 87−96.

6. Donato, V., et al. (2017). "Bacillus subtilis biofilm extends Caenorhabditis elegans longevity through downregulation of the insulin−like signalling pathway." Nature Communications 8: 14332.

7. Ayala, F. R., et al. (2017). "Microbial flora, probiotics, Bacillus subtilis and the search for a long and healthy human longevity." Microbial cell (Graz, Austria) 4(4): 133−136.

8. Kwak, C. S., et al. (2010). "Discovery of novel sources of vitamin B12 in traditional Korean foods from nutritional surveys of centenarians." 2010.

9. Trifan, A., et al. (2017). "Proton pump inhibitors therapy and risk of Clostridium difficile infection: Systematic review and meta−analysis." World Journal of Gastroenterology 23(35): 6500−6515.

10. Cheung, K. S. and W. K. Leung (2019). "Long−term use of proton−pump inhibitors and risk of gastric cancer: a review of the current evidence." Therapeutic advances in gastroenterology 12: 1756284819834511−1756284819834511.

11. Lee, H.−S., et al. (2012). "South Korea's entry to the global food economy: shifts in consumption of food between 1998 and 2009." Asia Pacific journal of clinical nutrition 21(4): 618−629.

## 2. 배고픔 즐기기, 건강수명 100세를 준비하는 식습관

1. https://www.nia.nih.gov/news/nih-study-finds-calorie-restriction-lowers-some-risk-factors-age-related-diseases.
2. Mattison, J. A., et al. (2012). "Impact of caloric restriction on health and survival in rhesus monkeys from the NIA study." Nature 489(7415): 318-321.
3. https://www.sciencedirect.com/science/article/pii/S155041311830130X.
4. Ravussin, E., et al. (2015). "A 2-year randomized controlled trial of human caloric restriction: feasibility and effects on predictors of health span and longevity." 70(9): 1097-1104.
5. Cheung, K. S. and W. K. Leung (2019). "Long-term use of proton-pump inhibitors and risk of gastric cancer: a review of the current evidence." Therapeutic advances in gastroenterology 12: 1756284819834511.
6. Franceschi, C., et al. (2017). "Inflammaging and 'Garb-aging'." Trends in Endocrinology & Metabolism 28(3): 199-212.
7. Lee, S.-H. and K.-J. Min (2013). "Caloric restriction and its mimetics." BMB reports 46(4): 181-187.

## 3. 잘 먹고 잘 싸기

1. 《東醫寶鑑》內景篇卷之三 〉胃腑 〉胃形象
2. 신동호, 아프리카인의 똥은 서구인의 4배, 사이언스타임즈, 2006. 8. 27
3. Rose, C., et al. (2015). "The Characterization of Feces and Urine: A Review of the Literature to Inform Advanced Treatment Technology." Critical Reviews in Environmental Science and Technology 45(17): 1827-1879.
4. Uday, C. G., et al. (2012). "Colonic Transit Study Technique and Interpretation: Can These Be Uniform Globally in Different Populations With Non-uniform Colon Transit Time?" Journal of Neurogastroenterology and Motility 18(2): 227-228.
5. Bharucha, A. E., et al. (2013). "American Gastroenterological Association medical position statement on constipation." 144(1): 211-217.

6. 대한소화기학회지, 성. J. (2008). "변비의 분류와 치료." 51(1): 4–10.

7. Choi, M. G. J. K. J. N. M. (2005). "Evidence based guideline for diagnosis and treatment: diagnostic guideline for constipation." 11(3): 44–50.

8. KIM, S. K. (1968). "Small intestine transit time in the normal small bowel study." American Journal of Roentgenology 104(3): 522–524.

8. Malagelada, J.-R., et al. (1984). "Intestinal transit of solid and liquid components of a meal in health." Gastroenterology 87(6): 1255–1263.

10. Worsøe, J., et al. (2011). "Gastric transit and small intestinal transit time and motility assessed by a magnet tracking system." BMC gastroenterology 11(1): 145.

11. Shin, J. E., et al. (2016). "Guidelines for the diagnosis and treatment of chronic functional constipation in Korea." 22(3): 383.

12. Zhao, Y. and Y.-B. Yu (2016). "Intestinal microbiota and chronic constipation." SpringerPlus 5(1): 1130–1130.

13. Shin, J. E., et al. (2016). "Guidelines for the diagnosis and treatment of chronic functional constipation in Korea." 22(3): 383.

14. Roberts, M. C., et al. (2003). "Constipation, laxative use, and colon cancer in a North Carolina population." The American journal of gastroenterology 98(4): 857–864.

15. HUANG, C. M. and N. H. J. J. o. f. p. e. Dural (1995). "Adsorption of bile acids on cereal type food fibers." 18(3): 243–266.

16. Desai, M. S., et al. (2016). "A Dietary Fiber-Deprived Gut Microbiota Degrades the Colonic Mucus Barrier and Enhances Pathogen Susceptibility." Cell 167(5): 1339–1353.e1321.

17. 3. Rose, C., et al. (2015). "The Characterization of Feces and Urine: A Review of the Literature to Inform Advanced Treatment Technology." Critical Reviews in Environmental Science and Technology 45(17): 1827–1879.

18. Mu, Q., et al. (2017). "Leaky gut as a danger signal for autoimmune diseases." Frontiers in immunology 8: 598.

# 4. 노화를 늦추는 약, 운동

1. Park, H. M. J. A. o. G. M. and Research (2018). "Current status of sarcopenia in Korea: a focus on Korean geripausal women." 22(2): 52–61.

2. Harridge, S. D. and N. R. Lazarus (2017). "Physical activity, aging, and physiological function." Physiology 32(2): 152–161.

3. Wroblewski, A. P., et al. (2011). "Chronic exercise preserves lean muscle mass in masters athletes." The Physician and Sportsmedicine 39(3): 172–178.

4. Bae, E.–J., et al. (2019). "Handgrip Strength and All–Cause Mortality in Middle–Aged and Older Koreans." International journal of environmental research and public health 16(5): 740.

5. Jak, A. J. (2012). The Impact of Physical and Mental Activity on Cognitive Aging. Behavioral Neurobiology of Aging. M.–C. Pardon and M. W. Bondi. Berlin, Heidelberg, Springer Berlin Heidelberg: 273–291.

6. Morris, J. N., et al. (1953). "CORONARY HEART–DISEASE AND PHYSICAL ACTIVITY OF WORK." The Lancet 262(6796): 1111–1120.

7. Reimers, C. D., et al. (2012). "Does physical activity increase life expectancy? A review of the literature." Journal of aging research 2012: 243958–243958.

8. Werner, C. M., et al. (2019). "Differential effects of endurance, interval, and resistance training on telomerase activity and telomere length in a randomized, controlled study." 40(1): 34–46.

9. Clark, T., et al. (2020). "High–intensity interval training for reducing blood pressure: a randomized trial vs. moderate–intensity continuous training in males with overweight or obesity." Hypertens Res.

10. Heisz, J. J., et al. (2016). "Enjoyment for high–intensity interval exercise increases during the first six weeks of training: implications for promoting exercise adherence in sedentary adults." 11(12).

11. Chrøis, K. M., et al. (2020). "Mitochondrial adaptations to high intensity interval training in older females and males." European Journal of Sport Science 20(1): 135–145.

12. Grace, F., et al. (2018). "High intensity interval training (HIIT) improves

resting blood pressure, metabolic (MET) capacity and heart rate reserve without compromising cardiac function in sedentary aging men." Experimental Gerontology 109: 75−81.

13. Herbert, P., et al. (2017). "High−intensity interval training (HIIT) increases insulin−like growth factor−I (IGF−I) in sedentary aging men but not masters' athletes: an observational study." 20(1): 54−59.

14. Hayes, L. D., et al. (2017). "Exercise training improves free testosterone in lifelong sedentary aging men." 6(5): 306−310.

15. Cartee, G. D., et al. (2016). "Exercise Promotes Healthy Aging of Skeletal Muscle." Cell Metabolism 23(6): 1034−1047.

16. Taylor, D. (2014). "Physical activity is medicine for older adults." Postgraduate medical journal 90(1059): 26−32.

17. Sakuma, K., et al. (2014). "The Intriguing Regulators of Muscle Mass in Sarcopenia and Muscular Dystrophy." Frontiers in aging neuroscience 6(230).

## 5. 치매가 걱정되면 치아를 챙기세요

1. https://en.wikipedia.org/wiki/Masticatory_force.

2. Onozuka, M., et al. (2003). "Age−related changes in brain regional activity during chewing: a functional magnetic resonance imaging study." 82(8): 657−660.

3. Gatz, M., et al. (2006). "Potentially modifiable risk factors for dementia in identical twins." Alzheimer's & Dementia 2(2): 110−117.

4. Sasaki−Otomaru, A., et al. (2011). "Effect of regular gum chewing on levels of anxiety, mood, and fatigue in healthy young adults." Clinical practice and epidemiology in mental health : CP & EMH 7: 133−139.

5. Azuma, K., et al. (2015). "Effects of Active Mastication on Chronic Stress−Induced Bone Lossin Mice." International journal of medical sciences 12(12): 952−957.

6. 《東醫寶鑑》雜病篇卷之七〉邪祟〉導引法

7. https://www.alz.co.uk/research/statistics

8. http://www.hitnews.co.kr/news/articleView.html?idxno=5144

9. Mougeot, J. C., et al. (2017). "Porphyromonas gingivalis is the most abundant species detected in coronary and femoral arteries." Journal of Oral Microbiology 9(1): 1281562.

10. Liccardo, D., et al. (2019). "Periodontal Disease: A Risk Factor for Diabetes and Cardiovascular Disease." Int J Mol Sci 20(6): 1414.

11. Li, L., et al. (2008). "Intracellular survival and vascular cell−to−cell transmission of Porphyromonas gingivalis." 8(1): 26.

## 6. 나는 공부한다, 고로 나는 존재한다

1. Katzman, R., et al. (1988). "Clinical, pathological, and neurochemical changes in dementia: a subgroup with preserved mental status and numerous neocortical plaques." 23(2): 138−144.

2. Snowdon, D. A. (2003). "Healthy aging and dementia: findings from the Nun Study." Annals of internal medicine 139(5_Part_2): 450−454.

3. Danner, D. D., et al. (2001). "Positive emotions in early life and longevity: findings from the nun study." Journal of personality and social psychology 80(5): 804.

4. Speisman, R. B., et al. (2013). "Environmental enrichment restores neurogenesis and rapid acquisition in aged rats." Neurobiology of aging 34(1): 263−274.

5. https://www.macmillanhighered.com/BrainHoney/Resource/22292/digital_first_content/trunk/test/pel4e/asset/img_ch3/myerspel4e_fig_3_08.jpg.

6. Narushima, M., et al. (2018). "I Learn, Therefore I am: A Phenomenological Analysis of Meanings of Lifelong Learning for Vulnerable Older Adults." The Gerontologist 58(4): 696−705.

# 4장. 건강수명 100세, 바로 지금부터

## 1. 50대부터 시작하는 건강수명 100세

1. Monk, T. H., et al. (1997). "Differences over the life span in daily life-style regularity." Chronobiology International 14(3): 295-306.
2. https://www.scientificamerican.com/article/everyday-routines-make-life-feel-more-meaningful/.
3. 신영복. (2015). 담론: 신영복의 마지막 강의.
4. Duckworth, A. L., et al. (2007). "Grit: perseverance and passion for long-term goals." 92(6): 1087.
5. https://publicism.info/psychology/grit/6.html.

## 2. 기대수명에서 건강수명으로

1. Olshansky, S. J. (2018). "From Lifespan to Healthspan." JAMA 320(13): 1323-1324.
2. Breslow, L. (2004). "Perspectives: the third revolution in health." Annual Review of Public Health 25: XIII.
3. Breslow, L. (2004). "Perspectives: the third revolution in health." Annual Review of Public Health 25: XIII.

## 3. 나는 자연산이다

1. Heiman, M. L. and F. L. J. M. m. Greenway (2016). "A healthy gastrointestinal microbiome is dependent on dietary diversity." 5(5): 317-320.
2. Cornejo-Granados, F., et al. (2017). "Microbiome of Pacific Whiteleg shrimp reveals differential bacterial community composition between Wild, Aquacultured and AHPND/EMS outbreak conditions." 7(1): 1-15.
3. David, L. A., et al. (2014). "Diet rapidly and reproducibly alters the human gut microbiome." 505(7484): 559-563.

건강100세 네트워크

# 통생명 라이프

## 이웃과 함께
## 건강하고 행복한 공간

통생명(Holobiont)의 시선으로 건강수명 100년을 꿈꾸며
건강한 생활습관과 삶의 경험을 쌓아가는
소통과 나눔을 실천하는 곳

HEALTH
&
LIFE

LEARN
&
STUDY

COMMUNICATION

COMMUNITY
&
SHARE

건강100세를 지원하는 코호트 연구도 진행중입니다.

**NAVER** 카페    통생명라이프    🔍